无|师|自|通|学|电|脑|系|列

无师自通 学电脑

新手学

电脑办公应用

黄晓璐 梁玉萍 编著

北京日报出版社

图书在版编目（CIP）数据

新手学电脑办公应用 / 黄晓璐, 梁玉萍编著. -- 北
京：北京日报出版社, 2019.10
　　（无师自通学电脑）
　　ISBN 978-7-5477-3499-5

　　Ⅰ. ①新… Ⅱ. ①黄… ②梁… Ⅲ. ①办公自动化－
应用软件 Ⅳ. ①TP317.1

　　中国版本图书馆 CIP 数据核字(2019)第 205278 号

新手学电脑办公应用

出版发行：北京日报出版社
地　　址：北京市东城区东单三条 8-16 号东方广场东配楼四层
邮　　编：100005
电　　话：发行部：（010）65255876
　　　　　　总编室：（010）65252135
印　　刷：北京市燕山印刷厂
经　　销：各地新华书店
版　　次：2019 年 10 月第 1 版
　　　　　　2019 年 10 月第 1 次印刷
开　　本：787 毫米×1092 毫米　1/16
印　　张：14.5
字　　数：464 千字
定　　价：48.00 元　（随书赠送光盘一张）

内 容 提 要

本书是"无师自通学电脑"系列丛书之一，针对初学者的需求，从零开始系统全面地讲解了电脑办公应用的各项技能。

本书共分为 12 章，内容包括：电脑办公基础知识、掌握系统常用操作、Word 2016 办公入门、Word 2016 图文排版、Excel 2016 表格制作、Excel 2016 数据管理、PowerPoint 2016 演示制作、Office 2016 办公案例、常用办公辅助软件、电脑办公设备应用、电脑办公网络应用及办公电脑安全维护。

本书结构清晰、语言简洁，特别适合电脑办公应用的初、中级读者阅读，包括电脑入门人员、Office 办公人员、在职、求职人员以及各级退休人员等。

前 言

■ 写作驱动

随着计算机技术的不断发展，电脑在我们日常工作及生活中的作用日益增大，熟练的掌握电脑操作技能已成为我们每个人的必备本领。我们经过精心策划与编写，面向广大初级用户推出本套"无师自通学电脑"丛书，本套丛书集新颖性、易学性、实用性于一体，帮助读者轻松入门，并通过步步实战，让大家快速成为电脑应用高手。

■ 丛书内容

"无师自通学电脑"是一套面向电脑初级用户的电脑普及读物，本批书目如下表所示：

序号	书名	配套资源
1	《无师自通学电脑——新手学 Excel 表格制作》	配多媒体光盘
2	《无师自通学电脑——新手学 Word 图文排版》	配多媒体光盘
3	《无师自通学电脑——新手学 Word/Excel/PPT 2016 办公应用与技巧》	配多媒体光盘
4	《无师自通学电脑——新手学拼音输入与五笔打字》	配多媒体光盘
5	《无师自通学电脑——新手学电脑操作入门》	配多媒体光盘
6	《无师自通学电脑——新手学电脑办公应用》	配多媒体光盘
7	《无师自通学电脑——中老年学电脑操作与网络应用》	配多媒体光盘

■ 丛书特色

"无师自通学电脑"丛书的主要特色如下：

- ❖ 从零开始，由浅入深
- ❖ 学以致用，全面上手
- ❖ 全程图解，实战精通
- ❖ 精心构思，重点突出
- ❖ 注解教学，通俗易懂
- ❖ 双栏排布，版式新颖
- ❖ 双色印刷，简单直观
- ❖ 视频演示，书盘结合
- ❖ 书中扫码，观看视频

■ 本书内容

本书共分为 12 章，通过理论与实践相结合，全面详细地讲解了电脑办公基础知识、掌握系统常用操作、Word 2016 办公入门、Word 2016 图文排版、Excel 2016 表格制作、Excel 2016 数据管理、PowerPoint 2016 演示制作、Office 2016 办公案例、常用办公辅助软件、电脑办公设备应用、电脑办公网络应用及办公电脑安全维护等内容。

■ 超值赠送

本书随书赠送一张超值多媒体光盘，光盘中除了本书用到的素材文件之外，还包括与本书配套的主体/核心内容的多媒体视频演示，并附送海量办公素材模板以及《最新五笔字型短训教程》、《新手学电脑故障诊断与排除完全宝典》和 Excel 函数与图表应用技巧案例视频教程，可谓物超所值。

■ 本书服务

本书是一本多功能、多用途的快速学习电脑办公用书，可作为不同年龄段初学者学习电脑操作的自学用书，也可作为各类大、中、专院校或培训学校的首选教材。

本书由黄晓璐、梁玉萍主编，杜国真、朱江毅、王利祥为副主编，具体参编人员和字数分配：黄晓璐第 1-2 和 8-10 章（约 17 万字）、梁玉萍第 11 章（约 3 万字）、杜国真第 6-7 章（约 7 万字）、朱江毅第 4-5 章（约 7 万字）、王利祥第 3 和 12 章（约 6 万字），编写人员都是从事电脑应用教育多年或专业的电脑操作人员，有着丰富的教学经验和实践操作经验。书中若有疏漏与不足之处，恳请广大读者和专家批评指正。

本书及光盘中所采用的图片、音频、视频和软件等素材，均为所属公司或个人所有，书中引用仅为说明（教学）之用，特此声明。

目 录

第1章　电脑办公基础知识

随着科学技术的不断发展，电脑办公应用操作已经成为工作和生活中不可或缺的一项技能。学习电脑办公应用，应该首先从电脑的基本操作开始，本章将详细介绍电脑办公基础知识。

1.1　初识电脑办公

电脑具有强大的运算能力、存储能力及数据处理能力，在当今社会的各领域都被广泛地应用。在学习电脑办公应用之前，需要先了解电脑办公的相应基础知识，包括电脑办公概述和电脑办公的发展等知识。

1.1.1　电脑办公概述

电脑办公就是在办公室中应用电脑以支持那些有知识而又不是电脑专家的工作人员，目的是改变办公制度和办公状态，而不仅仅是使用电脑。

电脑办公就是利用先进的科学技术，不断使人的部分办公活动物化于人以外的各种设备中，并由这些设备与办公室人员构成服务于某种目标的人——机信息处理系统。其主要目的是尽可能充分地利用信息资源，提高生产效率、工作效率和质量，辅助决策，获取更好的效果，以达到既定的目标。

1.1.2　电脑办公发展

电脑办公是现代社会的重要标志，其发展主要可以分为三个阶段：

⚙ 第一个阶段，1977 年以前，主要标志是办公过程中普遍使用单机完成单项办公业务的自动化，如传真机、文字处理机、复印机的使用等。

⚙ 第二个阶段，1977~1982 年，主要标志是办公过程中普遍使用电脑和打印机，通过电脑和打印机进行文字处理，表格处理，文件排版输出和进行人事、财务等信息的管理等，由于自动程控交换技术和局域网技术的逐渐成熟，可实现数据、文字、图形和声音的综合处理。

⚙ 第三个阶段，1983 年至今，主要标志是办公过程中网络技术的普遍使用，这一阶段在办公过程中通过使用网络，实现了文件共享、网络打印共享、网络数据库管理等，包含有较强功能的管理信息系统和决策支持系统。

1.2　了解电脑输入设备

电脑的输入设备有键盘、鼠标、光笔和扫描仪等。键盘和鼠标是电脑的重要输入设备，用户可以通过键盘输入文字和各种代码，通过鼠标可以完成大部分的选择、确认操作。下面介绍键盘与鼠标的使用方法和技巧。

扫码观看本节视频

1.2.1　键盘的分区

键盘是电脑应用中最基本且重要的输入设备之一，也是文字输入最主要的工具。熟悉键盘的操作是操作电脑的最基本条件，也是打字的基础知识。键盘上有多个按键，根据其功能特点来分，可以将键盘划分为主键盘区、功能键区、指示灯区、数字小键盘区以及光标控制区 5 个区域，图 1-1 所示为键盘分区。

其中，主键盘区是进行文字输入的主要区域，利用十指分工合理搭配手指和键盘的键位，将键盘上的所有键位合理地分配给十个手指，让每一个手指在键盘上都有明确的分工。因为标准的键盘按键非常多，只有采用合理的、明确的打字方法，才能快速而准确地输入文字与字符，以提高输入操作的效率，图1-2所示为键位的分工。

图1-1　键盘分区

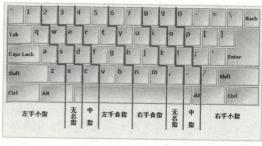

图1-2　键位分工

1. 基准键位

主键盘区第二排的按键都称为基准键。其中【F】键和【J】键上面各有一个突出的小横线或小圆点，起定位作用。使用键盘时，应将左手的食指和右手的食指分别放在【F】键和【J】键上，然后按顺序将左、右手的其他手指分别放在【D】、【S】、【A】和【K】、【L】、【;】键上。

2. 上排键

上排键是基准键位上面一排的按键。其中【T】、【R】、【E】、【W】和【Q】键分别由左手负责，【Y】、【U】、【I】、【O】和【P】键分别由右手负责。在击键时，手指从基准键出发，分别向上方移动，到相应的键位上击键即可。

3. 下排键

下排键是基准键位下面一排的按键。其中【B】、【V】、【C】、【X】和【Z】键分别由左手负责，【N】、【M】、【,】、【.】和【/】键分别由右手负责。在击键时，手指从基准键出发，分别向下方移动，到相应的键位上击键即可。在进行击键时，手指要有力度，击键后手指应立即返回到基准键位。

1.2.2　键盘的使用方法

操作电脑时，应该注意击键方法，并保持正确的打字姿势。

1. 击键方法

使用键盘输入信息时，注意击键方法是非常重要的，正确的击键方法可以使输入速度得到最大幅度的提高。击键时应注意的规则如下：

　　击键前，将双手的手指轻放于基准键上，左、右拇指轻放于空格键上。

　　手掌以手腕为支点，略向上抬起，手指保持弯曲，微微抬起，以手指击键，击键动作需平稳、轻快、干脆，且不能过度用力，注意一定不要用指尖击键。

　　敲击键盘时，只有击键的手做动作，其他的手指应放在基准键位上不动。

　　手指击键完毕后，应立即回到基准键区相应的位置，随时准备下一次的击键。

电脑基础知识

系统常用操作

Word办公入门

Word图文排版

Excel表格制作

Excel数据管理

PPT演示制作

Office办公案例

办公辅助软件

电脑办公设备

电脑办公网络

电脑安全维护

2．正确的打字姿势

正确的打字姿势，不仅能提高输入信息的速度和正确率，对用户的身体也是非常有益的。正确的键盘操作姿势要求如下：

❀　**坐姿**：平坐且将身体的重心置于椅子上，上半身保持正直，使头部得到支撑，下半身腰部挺直，膝盖自然弯曲约成 90°，并保持双脚着地。整个身体稍微位于键盘左侧并微微向前倾斜，身体与键盘应该保持约 20cm 的距离，眼睛与显示器的距离为 30cm 左右。

❀　**手指**：手指微微弯曲并放在键盘的基准键上，左、右手的拇指轻放在空格键上，要求平稳、快速、准确地击键。

❀　**手臂**：上臂自然下垂并贴近身体，手肘弯曲约 90°，肘与腰部的距离为 5～10cm。手腕平直并与键盘下边框保持 1cm 左右的距离。

❀　**书稿**：输入文字时，将书稿斜放在键盘左侧，使视线和书稿处于平行状态。打字时，尽量不看键盘，只看书稿和显示屏，养成盲打的习惯。

❀　**桌椅**：椅子的高度要适当，尽量使用标准的电脑桌。

1.2.3　鼠标的类型

鼠标是电脑中最基本且重要的输入设备之一。鼠标按其结构不同可以分为机械式鼠标和光电式鼠标两种。

1．机械式鼠标

机械式鼠标底部有一个滚球，当拖动鼠标时，滚球就会不断触动旁边的小滚轮，产生不同强度的脉波，通过这种连锁效应，电脑才能计算出鼠标的正确位置，如图 1-3 所示。

2．光电式鼠标

光电式鼠标的底部有一个发光二极管和一块反射板，发光二极管发出的光被反射板反射产生反射光，它根据反射光强弱变化来判断鼠标的移动和当前的位置，如图 1-4 所示。

图 1-3　机械式鼠标

图 1-4　光电式鼠标

1.2.4　鼠标的使用方法

用户可以使用鼠标进行不同的操作，在电脑成功启动时，系统桌面上会显示出一个白色的小箭头图标，这就是鼠标的指针。用户可以通过移动鼠标来控制鼠标指针的位置，达到操作电脑的目的。下面介绍鼠标常用的 5 种基本操作：

电脑基础知识

系统常用操作

Word办公入门

Word图文排版

Excel表格制作

Excel数据管理

PPT演示制作

Office办公案例

办公辅助软件

电脑办公设备

电脑办公网络

电脑安全维护

电脑基础知识

系统常用操作

Word办公入门

Word图文排版

Excel表格制作

Excel数据管理

PPT演示制作

Office办公案例

办公辅助软件

电脑办公设备

电脑办公网络

电脑安全维护

1. 移动

移动鼠标就是左右、前后平稳地移动，使显示器上的鼠标指针按操作方向移动。移动鼠标的具体操作步骤如下：

① 进入 Windows 10 系统桌面，此时鼠标指针的位置如图 1-5 所示。

② 移动鼠标指针至"网络"图标上（如图 1-6 所示），即可查看移动鼠标指针后的效果。

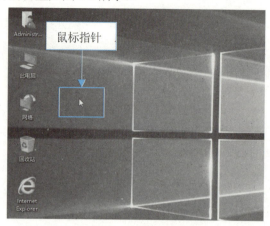

图1-5 鼠标指针的位置

图1-6 移动鼠标指针至相应的位置

2. 单击

单击就是将鼠标指针指向选中对象，确定对象或将指针定位在某个位置后，快速地用食指击一下鼠标左键，并立即释放。单击鼠标的具体操作步骤如下：

① 移动鼠标指针至"此电脑"图标上，如图 1-7 所示。

② 单击鼠标左键，即可选中"此电脑"图标，如图 1-8 所示。

图1-7 移动鼠标指针至"此电脑"图标

图1-8 单击鼠标后的效果

知识链接

在 Windows 10 系统桌面中，用户将鼠标指针移至任意文件上，单击鼠标左键，都可以选中该文件。

3. 双击

双击是指用食指快速连击两下鼠标左键后并立即释放，此操作用于发出命令，表示运行、执行或者打开文件、程序的操作。双击鼠标的具体操作步骤如下：

1 移动鼠标指针至"此电脑"图标上，如图1-9所示。

2 双击鼠标左键，即可打开"此电脑"窗口，如图1-10所示。

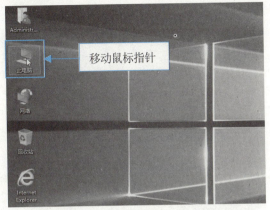

图1-9　移动鼠标指针至"此电脑"图标

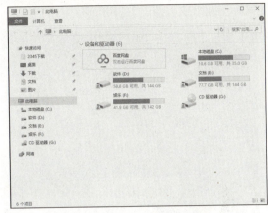

图1-10　"此电脑"窗口

4. 右击

右击是指选定某一个对象后，用中指击一下鼠标右键，并立即释放，该操作常用于打开选定对象的快捷菜单，以便用户快速选择并执行相关操作。右击鼠标的具体操作步骤如下：

1 移动鼠标指针至"网络"图标上，如图1-11所示。

2 单击鼠标右键，弹出快捷菜单，如图1-12所示，选择相应的选项，即可执行相应的命令。

图1-11　移动鼠标指针至"网络"图标

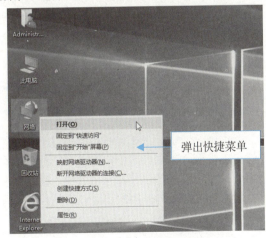

图1-12　弹出快捷菜单

5. 拖曳

拖曳主要是用于将选定的对象拖曳到另一位置，或者用于选定多个对象。拖曳鼠标的具体操作步骤如下：

电脑基础知识

系统常用操作

Word办公入门

Word图文排版

Excel表格制作

Excel数据管理

PPT演示制作

Office办公案例

办公辅助软件

电脑办公设备

电脑办公网络

电脑安全维护

知识链接

拖曳鼠标时，按住鼠标左键，手腕移动，将指针移至合适的位置后，再释放鼠标左键即可。在拖曳过程中，关键是食指不要松开，一旦松开鼠标左键，就要重新操作。

1. 移动鼠标指针至"回收站"图标上，按住鼠标左键不放，如图 1-13 所示。

2. 拖曳鼠标至右侧合适位置，释放鼠标左键，即可移动"回收站"图标，如图 1-14 所示。

图 1-13　移动鼠标指针至"回收站"图标

图 1-14　移动"回收站"图标

专家提醒

在使用鼠标时，要掌握正确的握鼠标姿势，然后根据实际操作需要，迅速点击左键或右键，执行操作。握持鼠标时，手部的力量要适当，不能过大也不能太小，如果力量过大鼠标会被损害。

1.3　设置与应用输入法

在电脑办公中，文字输入是使用电脑的基本操作，只有掌握文字的输入方法，才能更好地输入文字。其中，输入文字的方法有很多种，常用的包括微软拼音输入法、五笔字型输入法以及搜狗拼音输入法等。本章将详细介绍各输入法的相关操作以及使用技巧。此外，用户还可以根据需要，下载并安装其他输入法。

扫码观看本节视频

1.3.1　输入法的分类

根据输入的内容不同，输入法可以分为英文输入法和中文输入法两种，下面将分别对英文输入法和中文输入法进行简单的介绍。

⚙ 英文输入法输入的内容主要是英文字母、数字和其他特殊符号。只要掌握了键盘的正确使用方法，就可以很好地运用英文输入法。

⚙ 中文输入法与英文输入法不同，中文输入法有多种输入形式，主要分为拼音输入法和笔画输入法。

1.3.2　选择与切换输入法

根据每个人的喜好，所使用的输入法也不尽相同，所以在文字输入之前，用户需要对输入法进行相应选择和切换。

1. 选择输入法

在输入相应的文字（中文或英文）之前，需要选择适当的输入法。选择输入法的具体操作步骤如下：

1. 移动鼠标指针至桌面右下角的任务栏中，单击"语言栏"中的"输入法"图标，弹出输入法菜单列表，如图1-15所示。

2. 在菜单列表中选择需要的输入法，如"极品输入法"，如图1-16所示，完成输入法的选择。

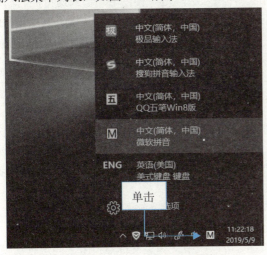

图1-15　单击"输入法"图标

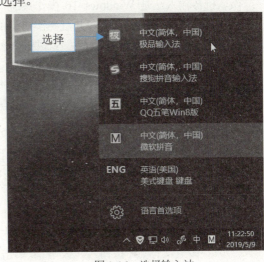

图1-16　选择输入法

2. 中/英文切换图标

选择极品五笔输入法后，单击"切换 中/英文"图标中（或英），可以在中文输入状态和英文输入状态之间进行切换，当该图标显示为英时，表示只能输入英文；当该图标显示为中时，表示可以输入中文；按【Caps Lock】键，也可以进行中英文切换。图1-17所示为英文输入状态条；图1-18所示为中文输入状态条。

图1-17　极品五笔英文输入状态条

图1-18　极品五笔中文输入状态条

3. 全/半角切换图标

单击"全/半角"图标●（或◗），可以在全半角之间进行切换，如图1-19和图1-20所示。在全角输入状态下，输入的字母、字符和数字均占一个汉字的位置（即两个半角字符宽度）；在半角输入状态下，输入的字母、字符和数字只占半个汉字的位置，且标点符号为英文标点符号。按【Shift＋空格】组合键，也可以进行全角和半角之间的切换。

图1-19　极品五笔全角输入状态条

图1-20　极品五笔半角输入状态条

电脑基础知识

系统常用操作

Word办公入门

Word图文排版

Excel表格制作

Excel数据管理

PPT演示制作

Office办公案例

办公辅助软件

电脑办公设备

电脑办公网络

电脑安全维护

4．中/英文标点符号切换图标

单击"中/英文标点"图标 °，（或 ·，），可以在中文标点符号和英文标点符号之间进行切换。当显示为 °， 时，输入的是中文标点符号，如图 1-21 所示；当显示为 ·， 时，输入的则是英文标点符号，如图 1-22 所示。按【Ctrl＋.】组合键，也可以进行中/英文标点符号之间的切换。

图 1-21　极品五笔中文标点符号输入状态条 　　　　图 1-22　极品五笔英文标点符号输入状态条

1.3.3　使用微软拼音输入法

微软拼音输入法是 Windows 10 操作系统自带的一种输入法，是一种以语句输入为特征的输入法，许多对输入速度要求不高，并且熟悉拼音的用户都可以选择使用微软拼音输入法。其主要特点是操作简单，用户不需要记字根，也不需要记笔画，只要会拼音就可以输入汉字，它的输入方法丰富，输入速度快。

切换至微软拼音输入法后，屏幕左下角会出现一个输入法状态条，如图 1-23 所示。

图 1-23　微软拼音输入法状态条

微软拼音输入法状态条中各按钮的含义如下：

- "微软拼音"按钮 M：单击该按钮，将弹出输入法列表，用户可以在其中选择需要的输入法。
- "中/英文"按钮 中（或 英）：单击该按钮，可以在中文和英文输入法之间进行切换。
- "全/半角"按钮 ●（或 ♪）：单击该按钮，可以在全角和半角之间进行切换。
- "中/英文标点"按钮 °，（或 ·，）：单击该按钮，可以在中文和英文标点符号之间进行切换。
- "简/繁体"按钮 简（或 繁）：单击该按钮，可以在简体和繁体之间进行切换。
- "输入法设置"按钮 ⚙：单击该按钮，可以设置微软拼音输入法的参数。

1．全拼输入与简拼输入

全拼输入和简拼输入是微软拼音输入法中较为常用的输入方式。全拼输入法就是将汉字的拼音依次拼写出来进行汉字输入；而简拼输入法是将所要输入的每一个汉字的第一个字母输入，也可以取汉字的前两个字母。下面介绍全拼输入和简拼输入的方法。

- 全拼输入法适用于对汉语拼音比较熟练的用户，且要求按照规范的汉语拼音进行输入，输入的过程与书写汉语拼音一样。输入时，词与词之间可以用"'"隔开，当拼音输入完毕时，按空格键确定。例如："分子"输入的拼音为 fenzi 或 fen'zi。
- 简拼输入法其实就是全拼的简化，与全拼输入法相比，它所输入的拼音会少很多，但对于拼音的拼写还是有一定要求的，需知道所要拼写汉字的首位字母，才能将简拼操作得更加娴熟。输入要求：输入汉字各个音节的第一个字母，同时注意隔音符"'"的使用，如："基础知识"输入的拼音为 j'c'z's。

2．设置快捷键

在中英文混合输入模式下，用户可以通过设置快捷键来快速地切换两种不同的输入状态，而不用反复单击输入法状态栏上面的按钮，这样就很大程度上提高了输入速度。设置快捷键的具体操作步骤如下：

1. 在微软拼音输入法状态上单击"输入法设置"按钮，如图1-24所示。

2. 打开"设置"窗口中的"微软拼音"页面，单击"按键"选项，如同1-25所示。

图1-24　单击"输入法设置"按钮

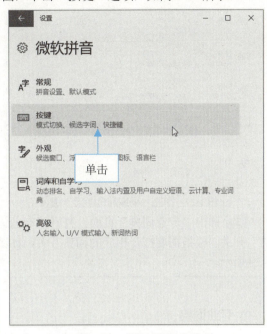

图1-25　单击"按键"选项

3. 打开"按键"页面，如图1-26所示，用户根据需要设置即可。

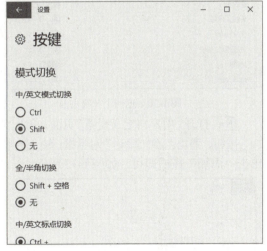

图1-26　"按键"页面

知 识 链 接

在微软拼音输入法中，用户可以根据自己的需要设置候选字词的翻页按键，还有是否打开简体/繁体中文输入切换和表情及符号面板的快捷键开关。

3. 设置词库和自定义短语

对于一些专业词语或经常使用的词语，用户可以使用系统提供的专业词典或自己添加到用户词典中，以提高日后的输入速度。设置词库和自定义短语的具体操作步骤如下：

1. 在微软拼音输入法状态上单击"输入法设置"按钮，在"设置"窗口的"微软拼音"界面中，单击"词库和自学习"选项，如图1-27所示。

2. 打开"词库和自学习"页面，单击页面底部的"选择启用哪些专业词典"链接，如图1-28所示。

电脑基础知识

系统常用操作

Word办公入门

Word图文排版

Excel表格制作

Excel数据管理

PPT演示制作

Office办公案例

办公辅助软件

电脑办公设备

电脑办公网络

电脑安全维护

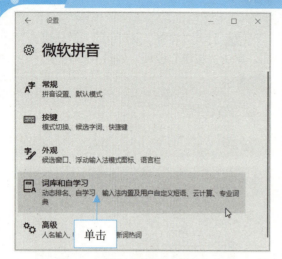

图 1-27　单击"词库和自学习"选项

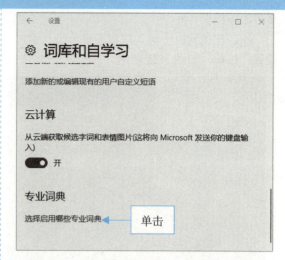

图 1-28　单击"选择启用哪些专业词典"链接

3 弹出"专业词典"页面，打开"专业词典"开关，根据需要打开相应的词典开关，如图1-29 所示。

4 单击"设置"窗口左上角的返回键，如图 1-30 所示，返回上一级页面。

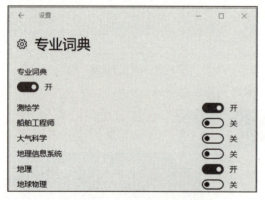

图 1-29　打开需要的词典开关

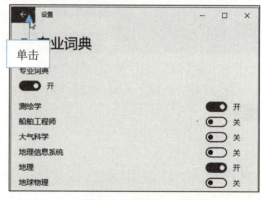

图 1-30　返回上一级页面

5 打开"使用输入法内置及用户自定义短语"开关，单击"添加新的或编辑现有的用户自定义短语"链接，如图 1-31 所示。

6 打开"用户自定义短语"页面，单击"添加"按钮，弹出"添加短语"对话框，输入内容，单击"添加"按钮即可，如图 1-32 所示。

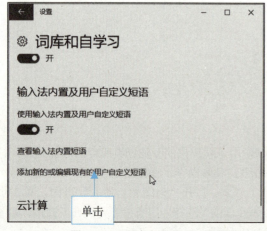

图 1-31　"词库和自学习"页面

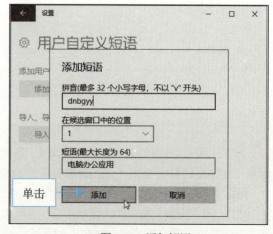

图 1-32　添加短语

1.3.4 使用五笔字型输入法

拼音输入法虽然简单易学，需要记忆的规则较少，但是存在重码率高、录入速度相对低等缺点，而五笔字型输入法是根据汉字字根及拆字的原则来进行输入的，具有重码率低、不受方言限制等优势。常用的五笔字型输入法有王码五笔、万能五笔和极品五笔等。下面介绍极品五笔输入法的使用方法。

1. 单击"开始"|"所有程序"|"Windows附件"|"记事本"命令，弹出"记事本"窗口，如图1-33所示。

图1-33 "记事本"窗口

2. 单击桌面右下角的"输入法"图标，在弹出的菜单列表中选择"极品输入法"选项，如图1-34所示。

图1-34 选择"极品输入法"选项

3. 例如"路"字的字根为khtk，即输入khtk后，出现对应的汉字，如图1-35所示。

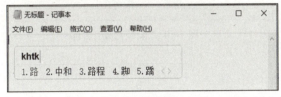

图1-35 输入字根

4. 按空格键，输入"路"文字，如图1-36所示。

图1-36 使用五笔输入法输入汉字

1.3.5 安装应用搜狗拼音输入法

目前，搜狗拼音输入法是网上最流行、好评率最高的输入法之一。该输入法采用搜索引擎技术，使得输入速度与传统输入法相比有了质的飞跃，无论在词库的广度上，还是在词语的准确度上，都远远领先于其他输入法。

1. 安装搜狗拼音输入法

搜狗拼音输入法不是电脑自带的输入法，用户如需使用搜狗拼音输入法，可以进入搜狗拼音输入法的官方网站，下载搜狗拼音输入法的安装程序，然后进行搜狗拼音输入法的安装操作。安装搜狗拼音输入法的具体操作步骤如下：

1. 在搜狗拼音输入法安装程序所在的文件夹中，双击搜狗拼音输入法的安装程序图标，如图1-37所示。

2. 弹出"搜狗输入法 9.3 正式版 安装向导"对话框，单击"自定义安装"按钮，设置程序的安装路径，如图1-38所示。

电脑基础知识

系统常用操作

Word办公入门

Word图文排版

Excel表格制作

Excel数据管理

PPT演示制作

Office办公案例

办公辅助软件

电脑办公设备

电脑办公网络

电脑安全维护

电脑基础知识

系统常用操作

Word办公入门

图1-37　双击搜狗拼音输入法安装程序图标

图1-38　"搜狗输入法9.3正式版 安装向导"对话框

Word图文排版

3 单击"立即安装"按钮，进入"正在安装"界面，显示安装进度，如图1-39所示。

4 进入"安装完成"界面，如图1-40所示，即可完成安装搜狗拼音输入法的操作。

Excel表格制作

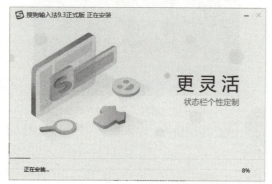

图1-39　"正在安装"界面

Excel数据管理

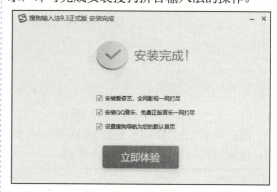

图1-40　"安装完成"界面

PPT演示制作

2. 使用搜狗拼音输入法输入汉字

Office办公案例

搜狗拼音输入法拥有超多的互联网用词，不论用户输入何种名词，它都可以一次敲击出来，还能在简体中文和繁体中文之间快速地进行切换。下面介绍使用搜狗拼音输入法输入汉字的操作方法。

　　全拼输入

全拼输入是拼音输入中最基本的输入方式，只需将汉字的拼音依次输入。按【Ctrl＋Shift】组合键，将输入法切换至搜狗拼音输入法，在输入栏中依次输入汉字拼音即可。例如输入词组"文字效果"，则输入这些词的拼音即可，如图1-41所示。

办公辅助软件

　　简拼输入

简拼输入只需输入汉字的声母或声母的第一个字母，即可得到用户所需的汉字。例如输入词组"网络用语"，只要输入该词组的声母即可，如图1-42所示。

电脑办公设备

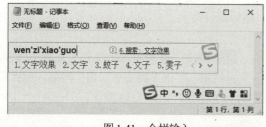

图1-41　全拼输入

电脑办公网络

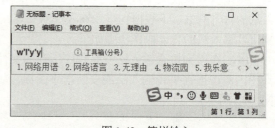

图1-42　简拼输入

电脑安全维护

3．设置候选词个数

在搜狗拼音输入法中，默认的候选词是 5 个，用户可根据需求设置候选词的个数。设置候选词个数的具体操作步骤如下：

1 在搜狗拼音输入法状态条上单击鼠标右键，在弹出的快捷菜单中选择"属性设置"选项，如图 1-43 所示。

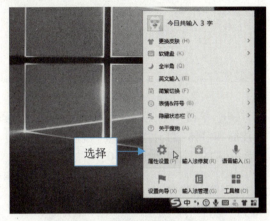

图 1-43　选择"属性设置"选项

2 弹出"属性设置"对话框，切换至"外观"选项卡，如图 1-44 所示。

图 1-44　"外观"选项卡

3 在"显示设置"选项区中单击"候选项数"右侧的下拉按钮，在弹出的下拉列表中选择所需的候选词个数，如图 1-45 所示。

图 1-45　设置候选词个数

4 单击"确定"按钮，完成候选词个数的设置。打开"记事本"窗口输入文字时，显示相应个数的候选词，如图 1-46 所示。

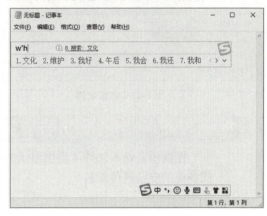

图 1-46　显示候选词个数

4．设置皮肤和字体

搜狗拼音输入法中有许多的功能及设置选项，如果用户对输入框大小、字体，或是对皮肤设置不满意，都可以在"搜狗拼音输入法设置"对话框中进行设置，输入框字体及皮肤设置的具体操作步骤如下：

1 在搜狗拼音输入法状态条上单击鼠标右键，在弹出的快捷菜单中选择"属性设置"选项，弹出"属性设置"对话框，切换至"外观"选项

2 在"皮肤设置"选项区中，选中"使用皮肤"复选框，单击其右侧的下拉按钮，在弹出的列表框中选择"繁绿"选项，如图 1-48

电脑基础知识

系统常用操作

Word 办公入门

Word 图文排版

Excel 表格制作

Excel 数据管理

PPT 演示制作

Office 办公案例

办公辅助软件

电脑办公设备

电脑办公网络

电脑安全维护

卡，如图 1-47 所示。

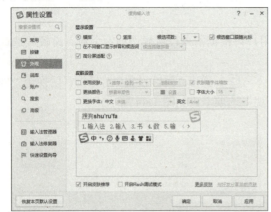

图 1-47 "属性设置"对话框

3 选中"字体大小"复选框，单击右侧的下拉按钮，在弹出的列表框中选择 20，如图 1-49 所示。

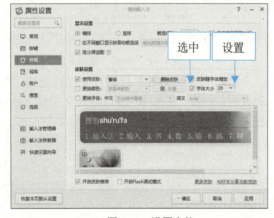

图 1-49 设置字体

所示。

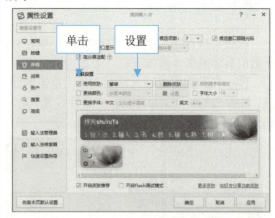

图 1-48 设置皮肤

4 单击"确定"按钮，即可应用所设置的皮肤和字体。打开"记事本"窗口输入文字时，显示相应的效果，如图 1-50 所示。

图 1-50 显示效果

专 家 提 醒

搜狗拼音输入法除了提供默认的皮肤外，用户还可以在相应的网站下载各式各样的皮肤进行安装。

5. 繁体汉字输入

使用搜狗拼音输入法可以快速地在繁体中文和简体中文之间进行转换，只需直接单击搜狗拼音输入法状态条上的"简/繁体"图标 简（或 繁），或按【Ctrl＋Shift＋F】组合键即可。图 1-51 所示为简体中文输入时的状态条，图 1-52 所示为繁体中文输入时的状态条。

图 1-51 简体中文输入

图 1-52 繁体中文输入

1.4　字体的安装与删除

在利用电脑进行某些设计（如海报、宣传册等）的制作时，可能需要添加一些特殊字体或艺术字体，则需要对相应字体进行安装。另外，也可以删除多余的字体，以节省磁盘空间。下面将介绍字体的安装与删除。

扫码观看本节视频

1.4.1　安装字体

在设计工作中，Windows 系统自带的字体是不能完全满足工作需求的，此时用户需从网上下载一些特殊字体，并将其添加到计算机中。安装字体的具体操作步骤如下：

1 在相应文件夹中，选择需要安装的字体，如图 1-53 所示。

2 在该窗口中单击"主页"|"复制"命令，如图 1-54 所示。

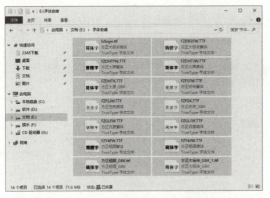

图 1-53　选择需要安装的字体

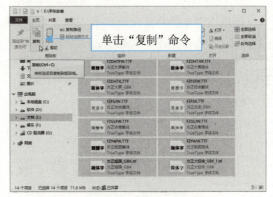

图 1-54　单击"复制"命令

3 单击"开始"|"Windows 系统"|"控制面板"命令，打开"控制面板"窗口，单击"外观和个性化"链接，如图 1-55 所示。

4 打开"外观和个性化"窗口，单击"字体"链接，如图 1-56 所示。

图 1-55　单击"外观和个性化"链接

图 1-56　单击"字体"链接

知识链接

在安装相应字体时，如果"字体"窗口中含有该字体，或者字体已更新，将会提示是否覆盖，用户可以根据需要进行相应选择。

5 打开"字体"窗口，单击"编辑"|"粘贴"命令，如图 1-57 所示。

6 弹出"正在安装字体"对话框，显示安装进度，如图 1-58 所示。

电脑基础知识

系统常用操作

Word办公入门

Word图文排版

Excel表格制作

Excel数据管理

PPT演示制作

Office办公案例

办公辅助软件

电脑办公设备

电脑办公网络

电脑安全维护

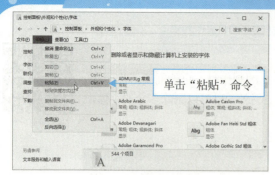

图 1-57　单击"粘贴"命令

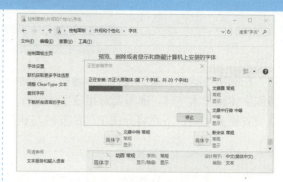

图 1-58　安装字体进度

7 安装完成后，即可在"字体"窗口中显示已安装的字体。

1.4.2　删除字体

删除不需要的字体，可以节省磁盘空间，删除字体的方法很简单，只需在"字体"文件夹中删除即可，其具体操作步骤如下：

1 在"字体"窗口中选择需要删除的字体，如图 1-59 所示。

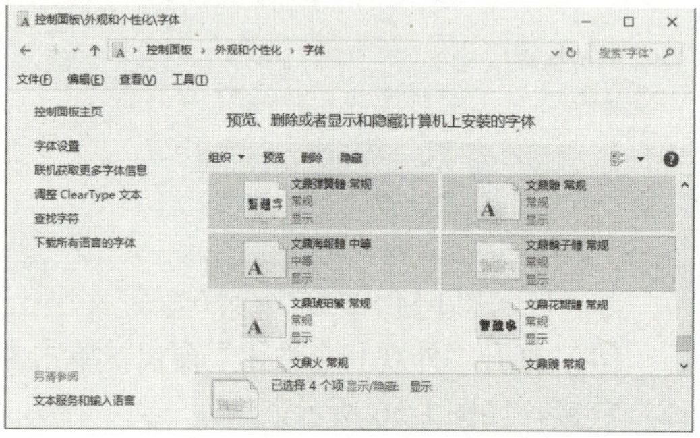

2 在该窗口中单击"文件"|"删除"命令，如图 1-60 所示。

图 1-59　"字体"窗口

图 1-60　单击"删除"命令

3 弹出"删除字体"提示信息框，提示用户是否确定操作，单击"是"按钮，即可删除所选字体文件。

第2章　掌握系统常用操作

微软公司推出的视窗电脑操作系统称为 Windows。随着电脑硬件和软件系统的不断升级，微软的操作系统也在不断升级。Windows 10 是微软公司推出的新一代操作系统，本章将介绍 Windows 10 系统的基本操作。

2.1　系统基本操作

系统的基本操作是电脑应用的基础，Windows 10 系统能支持多个任务程序的运行，因此用户可以打开多个任务窗口进行操作，其基本操作包括打开和关闭窗口、移动和切换窗口及调整窗口大小等，同时还可以对菜单进行相应设置。

扫码观看本节视频

2.1.1　Windows 10 "开始"菜单

Windows 10 "开始"菜单中汇集了计算机中常用的程序、文件夹和选项设置等内容。由于每一个用户对计算机的设置不同，"开始"菜单的显示形式以及选项的内容窗口也不同。

单击任务栏中的"开始"按钮 ，即可打开"开始"菜单。"开始"菜单在前版本的基础上有了全新的变化，如"开始"屏幕、磁贴、所有应用程序列表，如图 2-1 所示。

图 2-1 "开始"菜单

1. 将应用程序固定到"开始"屏幕

系统默认下，"开始"屏幕主要包含了生活动态及播放和浏览的主要应用，用户可以根据需要将其添加到"开始"屏幕上。

打开"开始"菜单，在最常用程序列表中，选择要固定到"开始"屏幕的程序，用户也可直接在桌面上选择要固定到"开始"屏幕的程序。

电脑基础知识

系统常用操作

Word 办公入门

Word 图文排版

Excel 表格制作

Excel 数据管理

PPT 演示制作

Office 办公案例

办公辅助软件

电脑办公设备

电脑办公网络

电脑安全维护

电脑基础知识

系统常用操作

Word办公入门

Word图文排版

Excel表格制作

Excel数据管理

PPT演示制作

Office办公案例

办公辅助软件

电脑办公设备

电脑办公网络

电脑安全维护

② 单击鼠标右键，在弹出的菜单中选择"固定到'开始'屏幕"命令，如图2-2所示。即可将选定程序固定到"开始"屏幕中。

③ 如果要从"开始"屏幕取消固定，右键单击"开始"屏幕中的程序，在弹出的菜单中选择"从'开始'屏幕取消固定"命令即可，如图2-3所示。

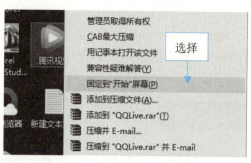

图2-2　固定到"开始"屏幕

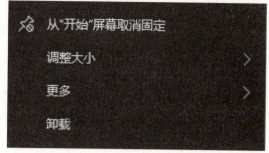

图2-3 从"开始"屏幕取消固定

2. 调整"开始"屏幕大小

在 Windows 8 系统中，"开始"屏幕是全屏显示的，而在 Windows 10 中，其大小并不是一成不变的，用户可以根据需要调整大小，也可以将其设置为全屏幕显示。

在 Windows 10 中调整"开始"屏幕大小，是极为方便的，用户只要将鼠标放在"开始"屏幕边栏右侧，待鼠标指针变为双向箭头时，即可按箭头方向调整屏幕显示大小，如图2-4所示。

如果要全屏幕显示"开始"屏幕，单击"开始"|"设置"按钮⚙或按【Windows+I】组合键，打开"设置"对话框，单击"个性化"|"开始"选项，如图2-5所示，将"使用全屏'开始'屏幕"设置为"开"即可。

图2-4　用鼠标调整屏幕大小

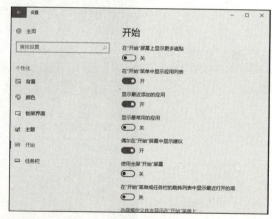

图2-5　"设置"|"开始"窗口

3. 管理"开始"屏幕的分类

用户可以根据需要，自定义"开始"屏幕，如将最常用的应用、网站、文件夹等固定到"开始"屏幕上，并对其进行合理的分类，在增加美观度的同时也便于快速访问。

将程序添加到"开始"屏幕后，即可对其进行归类分组。选择一个磁贴（如 Word 2016）向空白处拖曳，即可独立为一个组，如图2-6所示。将鼠标移至该磁贴上方空白处，则显示"命名组"字样，单击鼠标，即可显示文本框，可以在框中输入名称，如输入"办公软件"，按【Enter】键即可完成命名。此时拖曳相关的磁贴到该组中即可创建磁贴组，如图2-7所示。如果有多个磁贴组，用户可以根据需要，设置磁贴组的排序和磁贴的排序和显示大小。

图 2-6　创建独立组

图 2-7　创建磁贴组

当然，如果磁贴过多，用户也可以调大"开始"屏幕。这里仅是提供一种思路和方法，用户也可以自行尝试操作，随意调节磁贴位置，设置一个喜欢的形状、分组等。

2.1.2　Windows 10 窗口操作

操作 Windows 10 窗口，首先必须认识窗口，窗口的外观主要由标题栏、窗口控键、选项卡、地址栏、搜索栏、导航窗格、窗口工作区和切换视图组成，图 2-8 所示为"此电脑"窗口，下面以"此电脑"窗口为例介绍窗口的组成及其操作。

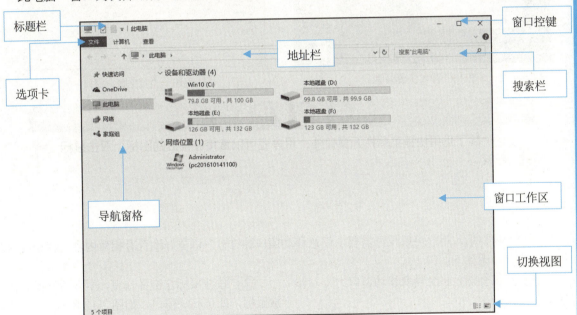

图 2-8　"此电脑"窗口

标题栏：位于窗口最上方，用于显示窗口标题。

窗口控键：位于窗口的右上角，有 3 个按钮分别是："最小化"按钮、"最大化/还原"按钮和"关闭"按钮。

选项卡：位于标题栏的下方，包括"文件""计算机""查看" 3 个选项卡，单击选项卡将打开相应的功能区。

地址栏：位于菜单栏的下方，地址栏中通常显示的是当前窗口所运行的应用程序或目录名称。用户若单击地址栏右侧的下拉按钮，在弹出的下拉列表中选择其他文件地址，即可切换到所选择文件地址的窗口。

搜索栏：在"搜索'此电脑'"文本框中输入词或者短语，可以查找当前文件夹中存储的

电脑基础知识

系统常用操作

Word 办公入门

Word 图文排版

Excel 表格制作

Excel 数据管理

PPT 演示制作

Office 办公案例

办公辅助软件

电脑办公设备

电脑办公网络

电脑安全维护

文件或子文件夹。

🌼 **导航窗格**：导航窗格可以方便用户查找所需的文件或文件夹的路径。

🌼 **窗口工作区**：窗口工作区用于显示操作对象以及操作结果。

🌼 **切换视图**：切换不同的视图可以显示出不同的展示效果。

1. 打开窗口

对窗口进行相应操作时，首先需要打开窗口，在 Windows 10 中，双击一个程序或文件夹都会打开相应的窗口。打开窗口的具体操作步骤如下：

1 在桌面的"此电脑"图标上单击鼠标右键，弹出快捷菜单，如图 2-9 所示。

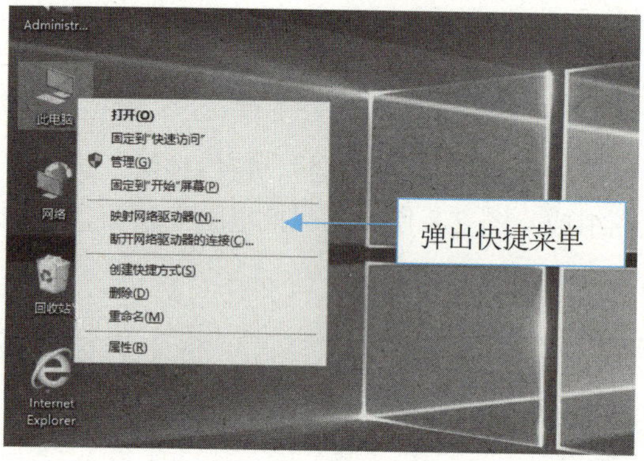

2 选择"打开"选项，即可打开"此电脑"窗口，如图 2-10 所示。

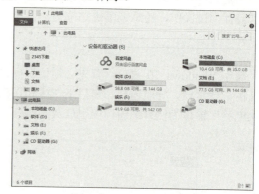

图 2-9　弹出快捷菜单

图 2-10　"此电脑"窗口

专家提醒

除了运用快捷菜单打开窗口外，用户还可以直接在相应的图标上双击鼠标左键。

2. 移动窗口

当打开窗口后，用户可以根据需要，任意移动窗口的位置，以更好地查看相应内容，移动窗口的具体操作步骤如下：

1 将鼠标指针移至需要移动窗口上方，如图 2-11 所示。

2 按住鼠标左键并拖曳，至合适位置后释放鼠标，即可移动窗口，如图 2-12 所示。

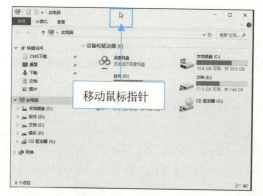

图 2-11　移动鼠标指针

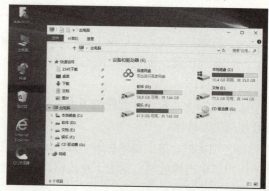

图 2-12　移动窗口

3. 切换窗口

切换窗口是为了方便用户在打开的多个窗口之间快速地进行切换，这种操作又称为多窗口操作，切换窗口的具体操作步骤如下：

1 要从"记事本"窗口切换至"此电脑"窗口，单击任务栏中"此电脑"图标，如图 2-13 所示。

2 切换至"此电脑"窗口的效果，如图 2-14 所示。

图 2-13　单击"此电脑"图标

图 2-14　切换至"此电脑"窗口

专 家 提 醒

除了运用任务栏来切换窗口外，用户还可以按【Alt＋Tab】组合键来进行切换。

4. 调整窗口大小

调整窗口的大小时除了最大化、最小化外，用户还可以根据需要，随意地调整窗口大小。调整窗口大小的具体操作步骤如下：

1 打开"此电脑"窗口，将鼠标指针移至窗口的右侧，当鼠标指针呈双箭头指针形状↔时，如图 2-15 所示。

2 按住鼠标左键并拖曳，至适当位置后释放鼠标左键，即可调整"此电脑"窗口的大小，如图 2-16 所示。

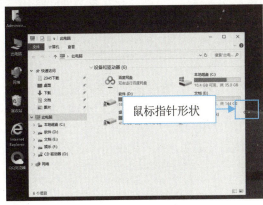

图 2-15　鼠标指针形状

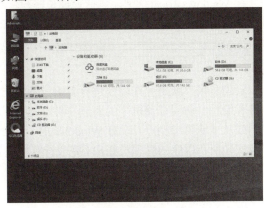

图 2-16　调整"此电脑"窗口大小

专 家 提 醒

除了左右调整窗口外，用户还可以上下调整窗口。

电脑基础知识

系统常用操作

Word办公入门

Word图文排版

Excel表格制作

Excel数据管理

PPT演示制作

Office办公案例

办公辅助软件

电脑办公设备

电脑办公网络

电脑安全维护

5. 快速回到桌面

在实际的操作过程中，有些操作需要返回桌面才能进行。快速地返回桌面进行操作才能提高工作效率。

快速返回桌面有以下 3 种方法：

- 按【⊞+D】组合键，再次使用该组合键则恢复之前状态。
- 按【⊞+M】组合键，最小化所有窗口。
- 关闭运行的所有窗口。

6. 关闭窗口

当用户需要结束正在运行的应用程序时，则需进行关闭窗口操作。

关闭窗口有以下 5 种方法：

- 在窗口的右上方单击"关闭"按钮。
- 在菜单栏上单击"文件"｜"关闭"命令。
- 按【Alt+F4】组合键。
- 在窗口标题栏的最左侧单击应用程序图标，在弹出的列表框中单击"关闭"命令。
- 在任务栏所需关闭的应用程序上单击鼠标右键，弹出快捷菜单，选择"关闭窗口"选项。

2.2　管理用户账户

用户账户是用来记录用户的登录名和口令、隶属的组、可以访问的网络资源以及用户的个人文件和设置，因此所有用户账户都是通过登录名区分的。通过管理用户账户，用户可以在 Windows 10 操作系统中创建多个账户，这样每个账户都拥有自己的工作界面，并可以通过设置密码访问，更好的保护隐私。

2.2.1　认识用户账户

在 Windows 10 系统中，包括管理员账户、普通账户和来宾账户 3 种。在安装 Windows 10 系统时，将自动创建内置用户账户，即管理员账户和来宾账户。下面将介绍各用户账户的权限和安全。

1. 管理员账户

管理员账户就是允许用户进行影响其他用户更改的用户账户，管理员可以更改安全设置，安装软件和硬件，访问计算机上的所有文件，还可以更改其他用户账户。管理员账户永远不能被删除、禁用或从本地组中删除。设置 Windows 时，会要求用户创建用户账户，此账户就是允许设置计算机以及安装所有程序的管理员账户。完成计算机设置后，使用普通用户账户比使用管理员账户更安全，因此建议使用普通用户账户进行日常的操作。

2. 普通账户

普通用户账户允许用户使用计算机的大多数功能，但是如果要做的更改会影响计算机的其他用户或安全，则需要管理员的许可。使用普通账户时，可以使用计算机上安装的大多数程序，但是无法安装或卸载软件和硬件，也无法删除计算机运行所需的文件或者更改计算机上会影响其他用户的设置。如果使用的是普通账户，则有些程序可能要求提供管理员权限后才能执行。

电脑基础知识

系统常用操作

Word办公入门

Word图文排版

Excel表格制作

Excel数据管理

PPT演示制作

Office办公案例

办公辅助软件

电脑办公设备

电脑办公网络

电脑安全维护

3. 来宾账户

来宾账户由在这台计算机上没有实际账户的人使用。账户被禁用（不是删除）的用户也可以使用来宾账户。来宾账户不需要密码，默认是禁用的，但也可以启用。来宾账户可以像任何用户账户一样设置权利和权限。默认情况下，来宾账户是内置来宾组的成员，它允许用户使用计算机，但没有访问个人文件的权限。使用来宾账户的人无法安装软件或硬件，更改设置或者创建密码，必须启用来宾账户后才可以使用。

2.2.2　设置管理员账户

管理员账户是系统默认的用户账户，用户可以对管理员账户进行相应的设置，以更好地管理和使用账户，设置管理员账户包括更改账户图片和创建账户密码等。

1. 更改账户图片

用户可以根据个人喜好更改账户的显示图片，更改账户图片的具体操作步骤如下：

1. 单击"开始"|"Windows 系统"|"控制面板"命令，如图 2-17 所示。

图 2-17　单击相应命令

2. 打开"控制面板"窗口，单击"用户账户"链接，如图 2-18 所示。

图 2-18　单击"用户账户"链接

3. 打开"用户账户"窗口，单击"用户账户"链接，如图 2-19 所示。

图 2-19　单击"用户账户"链接

4. 打开"用户账户"窗口，单击"在电脑设置中更改我的账户信息"链接，如图 2-20 所示。

图 2-20　单击"在电脑设置中更改我的账户信息"链接

5. 打开"你的信息"页面，单击"通过浏览方式查找一个"链接，如图 2-21 所示，在打开的对话框中选择需要设置的图片。

6. 设置好图片后，即可看到更改后的账户图片，如图 2-22 所示。

电脑基础知识

系统常用操作

Word 办公入门

Word 图文排版

Excel 表格制作

Excel 数据管理

PPT 演示制作

Office 办公案例

办公辅助软件

电脑办公设备

电脑办公网络

电脑安全维护

图 2-21　单击"通过浏览方式查找一个"链接

图 2-22　更改账户图片

2. 创建账户密码

默认情况下，用户账户是没有设置密码的，为了增强安全性，可以为用户账户创建密码，创建账户密码的具体操作步骤如下：

1 打开"设置"窗口的"你的信息"页面后，切换至"登录选项"选项卡，如图 2-23 所示。

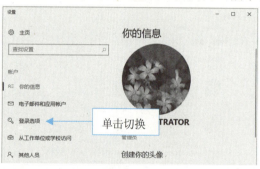

图 2-23　切换至"登录选项"选项卡

3 在弹出界面的"新密码"和"重新输入密码"文本框中分别输入一样的密码，并在"密码提示"文本框中输入密码提示，如图 2-25 所示。

图 2-25　输入密码及提示

2 打开"登录选项"页面，在"密码"选项区中单击"添加"按钮，如图 2-24 所示。

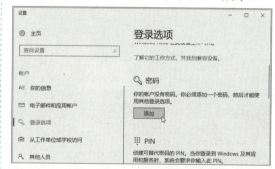

图 2-24　单击"添加"按钮

4 单击"下一步"按钮，在新的界面中单击"完成"按钮，如图 2-26 所示，即可完成账户密码的设置。

图 2-26　单击"完成"按钮

电脑基础知识

系统常用操作

Word办公入门

Word图文排版

Excel表格制作

Excel数据管理

PPT演示制作

Office办公案例

办公辅助软件

电脑办公设备

电脑办公网络

电脑安全维护

知识链接

> 在"登录选项"页面中单击"更改"按钮，可以更改账户密码，如果需要删除密码，在修改密码时文本框空白不填写即可。

2.2.3　创建普通用户

在 Windows 10 操作系统中，除了可以使用管理员账户进行相应操作外，用户还可以创建普通账户，并且只有"管理员"类型的用户才能创建新用户账户。创建普通用户的具体操作步骤如下：

1 打开"设置"窗口的"你的信息"页面后，切换至"其他人员"选项卡，如图 2-27 所示。

2 打开"其他人员"页面，单击"将其他人添加到这台电脑"链接，如图 2-28 所示。

图 2-27　切换至"其他人员"选项卡

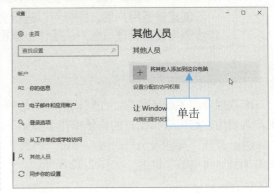

图 2-28　单击"将其他人添加到这台电脑"链接

3 在打开的窗口中单击"用户"选项，然后选择"操作"下拉菜单中的"新用户"选项，如图 2-29 所示。

4 打开"新用户"界面，在"用户名"文本框中输入用户名，其它内容根据用户需要设置，如图 2-30 所示。

图 2-29　选择"新用户"选项

图 2-30　设置新用户信息

5 单击"创建"按钮，返回"其他人员"页面，显示新创建的账户，即可完成普通用户的创建，如图 2-31 所示。

图 2-31　创建普通用户

在 Windows 10 操作系统中，一台计算机至少需要一个计算机管理员类型的用户，在没有计算机管理类型的用户时，系统只允许创建计算机管理类型的用户账户，之后才可以创建普通类型的用户账户。

专　家　提　醒

创建普通用户后，同样可以进行更改账户图片和创建账户密码操作，其操作步骤与设置管理员账户的操作步骤相似。

2.2.4　启用来宾账户

来宾用户即 Guest 账户，在默认情况下是禁用的，当需要进行特殊操作时，用户可以设置来宾用户为启用，启用来宾账户的具体操作步骤如下：

1. 打开"其他人员"页面，单击"将其他人添加到这台电脑"链接，如图 2-32 所示。

2. 在打开的窗口中单击"用户"选项，选择 Guest（来宾）账户，然后选择"操作"下拉菜单中的"属性"选项，如图 2-33 所示。

图 2-32　单击"将其他人添加到这台电脑"链接

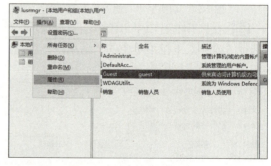

图 2-33　选择"属性"选项

3. 在"Guest 属性"界面中，取消勾选"账户已禁用"复选框，如图 2-34 所示。

图 2-34　启用 Guest（来宾）账户

专　家　提　醒

启用 Guest（来宾）账户后，一般用于局域网的访问，账户的设置和其他账户设置方法相似。

2.3　设置系统桌面

在登录 Windows 10 操作系统后，首先看到的就是系统桌面，用户使用计算机完成的各种操作都是在桌面上进行的。系统桌面主要由桌面背景、桌面图标和任务栏组成，如图 2-35 所示。

扫码观看本节视频

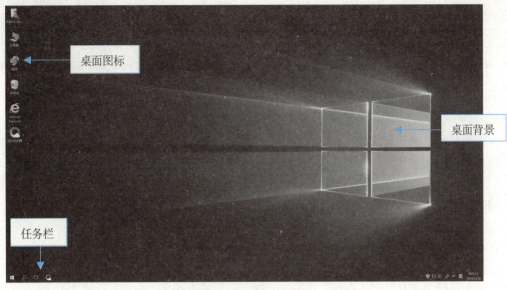

桌面图标

桌面背景

任务栏

图 2-35　Windows 10 桌面

⚙ 桌面图标：每一个桌面图标都表示不同的程序、文件、文件夹。

⚙ 桌面背景：桌面背景也称为"壁纸"，是可以在桌面上显示的图片。

⚙ 任务栏：位于桌面最下方，主要由"开始"菜单、应用程序按钮栏、通知区域、日期与时间区域以及"显示桌面"按钮组成。

2.3.1　设置桌面背景

桌面背景就是 Windows 10 系统桌面的背景图案。启动 Windows 10 后，桌面背景采用的是系统安装时默认的设置。为了使桌面的外观更加美观和更具个性化，用户可以在系统提供的多种方案中选择合适的桌面背景。设置桌面背景的具体操作步骤如下：

1. 右击桌面空白处，在弹出的快捷菜单中选择"个性化"选项，如图 2-36 所示。

2. 打开"设置"窗口，在"背景"选项区中选择系统自带的样式和图片，如图 2-37 所示。

选择

图 2-36　选择"个性化"选项

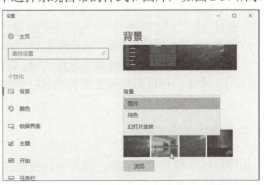

图 2-37　选择样式和图片

右侧边栏：电脑基础知识　系统常用操作　Word办公入门　Word图文排版　Excel表格制作　Excel数据管理　PPT演示制作　Office办公案例　办公辅助软件　电脑办公设备　电脑办公网络　电脑安全维护

3 单击"浏览"按钮，如图 2-38 所示，可以选择磁盘或其它存储设备中的图片。

图 2-38　单击"浏览"按钮

4 设置好的桌面背景效果如图 2-39 所示。

图 2-39　设置桌面背景

2.3.2　设置桌面图标

　　桌面图标就是表示文件、文件夹和程序的小图标，并且每个桌面图标下方有相应的文字说明。桌面图标常用的操作包括改变图标大小、改变图标排列方式以及添加或删除图标等。

1. 改变图标大小

　　在 Windows 10 操作系统中，桌面图标可以以大图标、中等图标和小图标等方式显示出来，用户可以根据自己的需要进行相应的设置，改变图标大小的具体操作步骤如下：

1 在桌面空白处单击鼠标右键，在弹出的快捷菜单中选择"查看"|"大图标"选项，如图 2-40 所示。

2 执行操作后，桌面上的所有图标将以大图标的方式显示出来，如图 2-41 所示。

图 2-40　选择相应选项

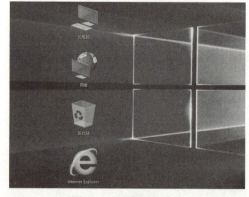

图 2-41　改变图标大小

专家提醒

　　在桌面空白处单击鼠标右键，在弹出的快捷菜单中单击"查看"|"小图标"命令，可以将桌面上所有图标以小图标方式显示。

2. 改变图标排列方式

　　图标的排列方式有多种，用户可以根据具体需要，改变图标的排列方式，改变图标排列方式的具体操作步骤如下：

1. 在桌面空白处单击鼠标右键，在弹出的快捷菜单中选择"排列方式"|"大小"选项，如图 2-42 所示。

2. 执行操作后，桌面上的图标将以大小排列方式显示出来，完成图标排列方式的改变，如图 2-43 所示。

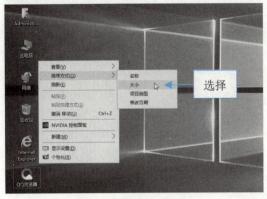

图 2-42　选择相应选项

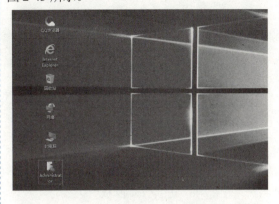

图 2-43　改变图标排列方式

专 家 提 醒

用户除了可以在"排列方式"子菜单中选择任一种排列方式，进行自动排列图标外，还可以直接将图标一个一个地放置好，其方法是在要移动的桌面图标上按住鼠标左键不放，并将其拖放到要显示的位置，使用本方法前需取消"自动排列图标"选项。

3. 添加系统图标

在 Windows 10 系统桌面，用户可以通过设置，在桌面上添加系统图标，方便快速地启动相应程序，添加系统图标的具体操作步骤如下：

1. 在桌面空白处单击鼠标右键，在弹出的快捷菜单中选择"个性化"选项，如图 2-44 所示。

2. 打开"设置"窗口，切换至"主题"选项卡，单击右侧的"桌面图标设置"链接，如图 2-45 所示。

图 2-44　选择"个性化"选项

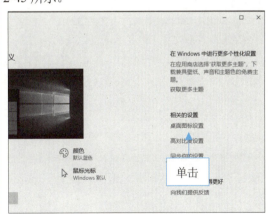

图 2-45　单击"桌面图标设置"链接

3. 弹出"桌面图标设置"对话框，在"桌面图标"选项区中，选中"控制面板"复选框，如图 2-46 所示。

4. 单击"确定"按钮，桌面上显示添加的系统图标，即可完成系统图标的添加，如图 2-47 所示。

电脑基础知识

系统常用操作

Word办公入门

Word图文排版

Excel表格制作

Excel数据管理

PPT演示制作

Office办公案例

办公辅助软件

电脑办公设备

电脑办公网络

电脑安全维护

电脑基础知识

系统常用操作

Word办公入门

Word图文排版

Excel表格制作

Excel数据管理

PPT演示制作

Office办公案例

办公辅助软件

电脑办公设备

电脑办公网络

电脑安全维护

图 2-46　选中"控制面板"复选框

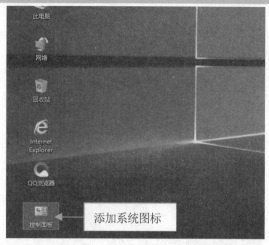

图 2-47　添加系统图标

知识链接

> 此外，用户还可以将安装的应用程序图标以快捷方式的形式添加到桌面上，其方法是在相应的程序图标上单击鼠标右键，在弹出的快捷菜单中单击"发送到"|"桌面快捷方式"命令。

2.3.3　调整任务栏

任务栏位于桌面下方，计算机每运行一个程序，就会在任务栏上显示出相应的程序按钮。Windows 10 操作系统的任务栏应用更加方便快捷，只需要将鼠标悬停在程序按钮上，即可展开相应程序的缩略图；移动鼠标至相应的缩略图上，即可查看程序或文件的全屏视图；在相应缩略图上单击鼠标左键，即可快速进行窗口之间的切换。调整任务栏的具体操作步骤如下：

1. 在任务栏的空白处单击鼠标右键，在弹出的快捷菜单中选择"任务栏设置"选项，如图 2-48 所示。

2. 打开"设置"窗口的"任务栏"页面，打开"使用小任务栏按钮"开关，如图 2-49 所示。

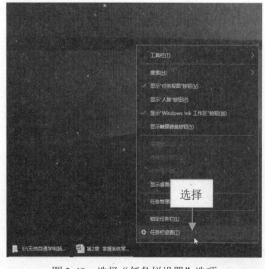

图 2-48　选择"任务栏设置"选项

图 2-49　打开"使用小任务栏按钮"开关

③ 此时即可调整任务栏的大小，如图 2-50 所示。

图 2-50　调整任务栏大小

专家提醒

在"任务栏"页面中，打开"在桌面模式下自动隐藏任务栏"开关后，桌面上将不再显示任务栏。这时，将鼠标指针移至桌面最下方，就会显示任务栏，而鼠标指针离开后，将自动进行隐藏。

知识链接

此外，单击"任务栏在屏幕上的位置"右侧的下拉按钮，在弹出的列表框中包括"靠左""顶部""靠右"和"底部"4 个选项，用户选择相应的选项，可以调整任务栏在桌面上的位置。

2.3.4　设置日期和时间

如果在安装操作系统时没有设置时间，用户可以进行相应设置以调整日期和时间，设置日期和时间的具体操作步骤如下：

① 在任务栏最右侧的日期和时间区域上单击鼠标左键，弹出相应窗口，单击"日期和时间设置"链接，如图 2-51 所示。

图 2-51　单击"日期和时间设置"链接

② 打开"设置"窗口的"日期和时间"页面，在"更改日期和时间"选项区单击"更改"按钮，如图 2-52 所示。

专家提醒

除了运用上述方法设置日期和时间外，用户还可以在时间区域，单击鼠标右键，在弹出的快捷菜单中选择"调整日期/时间"选项，打开"设置"窗口的"日期和时间"页面。

③ 打开"更改日期和时间"页面，依次在"日期"和"时间"选项区中设置相应的日期和时间，如图 2-53 所示。

电脑基础知识

系统常用操作

Word 办公入门

Word 图文排版

Excel 表格制作

Excel 数据管理

PPT 演示制作

Office 办公案例

办公辅助软件

电脑办公设备

电脑办公网络

电脑安全维护

图 2-52 单击"更改"按钮

图 2-53 设置相应日期和时间

4 单击"更改"按钮，即可应用所设置的日期和时间。

2.4 文件和文件夹

各种数据在计算机中都是以文件的形式存在，不同的文件类型以不同的扩展名来区别。文件夹是计算机中存储信息的重要体系，用于存放电脑中的文件，通常文件夹能对电脑中的文档等进行显示、组织和管理。如何使用和管理好这些文件和文件夹显得尤为重要。下面将详细介绍文件与文件夹的相关操作和管理。

扫码观看本节视频

2.4.1 新建文件和文件夹

通常计算机中有一部分文件和文件夹是已经存在的，如系统文件以及其他应用程序中自带的许多文件和文件夹，另一部分文件和文件夹则是用户根据需要创建的，如输入文字时需要创建 Word 文档或记事本文件，绘图时则需要创建画图文件。为了把这些文件归类放置，可以新建文件夹，把同一类型的文件放在一个文件夹中，从而方便管理和应用。新建文件和文件夹的具体操作步骤如下：

1 在"文档（E:）"窗口的"主页"|"新建"选项组中，单击"新建项目"|"文本文档"命令，如图 2-54 所示。

2 执行操作后，在该窗口中显示新建的文本文档文件，如图 2-55 所示。

图 2-54 单击相应命令

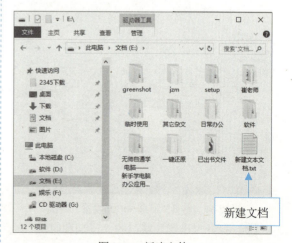

图 2-55 新建文件

3 在该窗口单击"主页"|"新建"|"新建文件夹"按钮，如图 2-56 所示。

4 执行操作后，在该窗口中显示新建的文件夹，如图 2-57 所示。

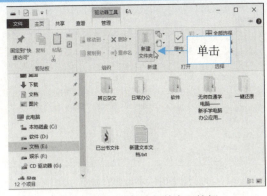

图 2-56　单击"新建文件夹"按钮

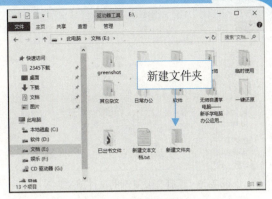

图 2-57　新建文件夹

2.4.2　重命名文件或文件夹

在 Windows 10 操作系统中，为了方便用户管理文件或文件夹，可以对文件或文件夹进行重命名操作，重命名文件或文件夹的具体操作步骤如下：

1 打开相应窗口，选择需要重命名的文件或文件夹，单击鼠标右键，在弹出的快捷菜单中选择"重命名"选项，如图 2-58 所示。

2 此时文件或文件夹的名称呈可编辑状态，在其中输入新的名称，并按【Enter】键确认，即可重命名文件或文件夹，如图 2-59 所示。

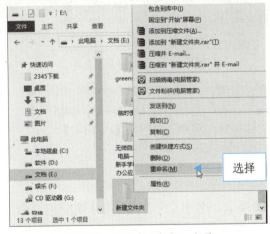

图 2-58　选择"重命名"选项

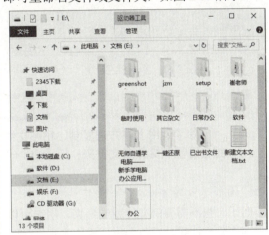

图 2-59　重命名文件或文件夹

专家提醒

除了运用上述方法重命名文件或文件夹外，用户还可以选择相应文件或文件夹后，单击"主页"|"组织"选项组中的"重命名"按钮或者按【F2】快捷键都可以重命名。

2.4.3　复制、粘贴文件或文件夹

复制、粘贴文件或文件夹是指将文件或文件夹从原来的位置复制一份到目标位置，复制、粘贴操作在实际应用中经常用到，复制、粘贴文件或文件夹的具体操作步骤如下：

1 打开相应窗口，选择需要复制的文件或文件夹，如图 2-60 所示，如需选择多个文件或文件夹，需先按【Cttl】键，再进行选择。

2 在该窗口中单击"主页"|"剪贴板"选项组中的 "复制"按钮，如图 2-61 所示。

电脑基础知识

系统常用操作

Word 办公入门

Word 图文排版

Excel 表格制作

Excel 数据管理

PPT 演示制作

Office 办公案例

办公辅助软件

电脑办公设备

电脑办公网络

电脑安全维护

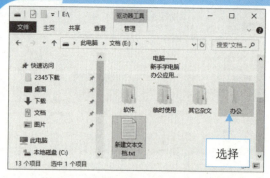

图 2-60　选择需要复制的文件或文件夹

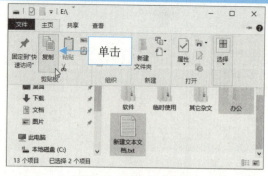

图 2-61　单击相应命令

3. 在目标窗口中，单击"主页"|"剪贴板"选项组中的"粘贴"命令，如图 2-62 所示。

4. 执行操作后，即可将复制的文件或文件夹粘贴到目标位置，如图 2-63 所示。

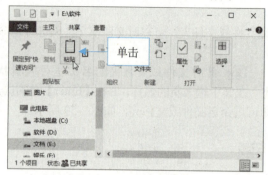

图 2-62　单击相应命令

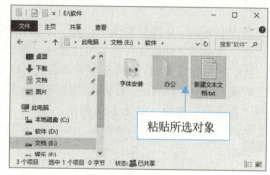

图 2-63　粘贴文件和文件夹

专 家 提 醒

除了运用上述方法复制、粘贴文件或文件夹外，用户还可以按【Ctrl＋C】组合键复制文件或文件夹；按【Ctrl＋V】组合键粘贴文件或文件夹。

2.4.4　删除、还原文件或文件夹

对于一些不需要的文件或文件夹，用户可以将其删除，以便于文件管理，同时节省硬盘空间。但是在删除文件时，难免会出现操作失误，这时可以利用回收站的还原功能，将文件从回收站还原到原来的位置，删除、还原文件或文件夹的具体操作步骤如下：

1. 打开相应窗口，选择需要删除的文件或文件夹，单击"主页"|"组织"选项组中的"删除"按钮，如图 2-64 所示。

2. 弹出"删除文件夹"对话框，提示用户是否确定把此文件夹放入回收站中，如图 2-65 所示。

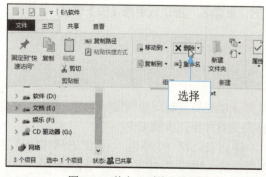

图 2-64　单击"删除"按钮

图 2-65　"删除文件夹"对话框

③ 单击"是"按钮，即可删除所选文件夹，如图 2-66 所示。

④ 打开"回收站"窗口，显示删除的文件夹，如图 2-67 所示。

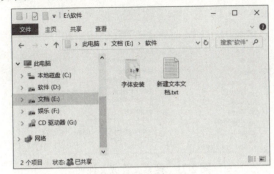

图 2-66　删除文件夹

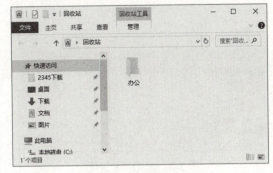

图 2-67　"回收站"窗口

⑤ 在该文件夹上单击鼠标右键，在弹出的快捷菜单中选择"还原"选项，如图 2-68 所示。

⑥ 此时回收站将不再显示该文件夹，在原目标位置窗口中显示还原的文件夹，如图 2-69 所示。

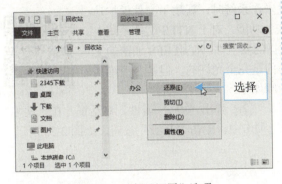

图 2-68　选择"还原"选项

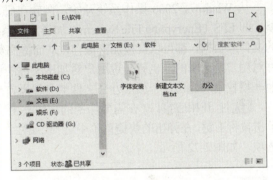

图 2-69　还原文件夹

知识链接

　　此外，如果要永久性删除文件或文件夹，只需在选择文件或文件夹后，按【Shift＋Delete】组合键，弹出"删除文件夹"提示信息框，单击"是"按钮，即可永久删除所选择的文件或文件夹，而且被删除的文件或文件夹将不能被还原。另外，还可以在选中文件或文件夹后，按住【Shift】键将其拖曳至回收站中，也将实现永久性删除。

2.4.5　搜索文件或文件夹

　　计算机磁盘是一个庞大的数据储存空间，如果盲目地查找一个文件是非常费力的，用户可以使用 Windows 10 操作系统提供的搜索功能搜索文件或文件夹，搜索文件和文件夹的具体操作步骤如下：

① 在"此电脑"窗口中，在搜索文本框中输入需要搜索的关键字，即可开始搜索，并显示搜索进度，如图 2-70 所示。

② 搜索完成后，在"此电脑"窗口中，系统将显示出搜索到的信息，如图 2-71 所示。

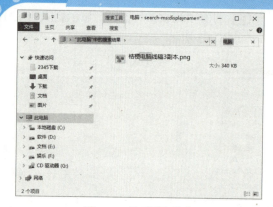

图 2-70　显示搜索进度

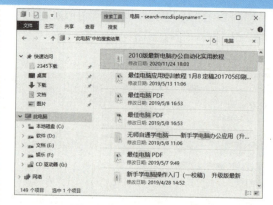

图 2-71　搜索文件或文件夹

2.5　加密办公文件

从 Windows 2000 操作系统开始，微软在研发操作系统时，新增了文件保护功能，即 EFS（Encrypting File System，加密文件系统）功能，对于 NTFS 文件系统上的文件和数据，都可以直接加密保存，从而提高数据的安全性。使用 EFS 加密的文件对用户是透明的，也就是说用户对加密文件的访问是完全允许的，但是会拒绝其他非授权用户的访问。加密办公文件的具体操作步骤如下：

扫码观看本节视频

1 打开相应窗口，在需要加密的文件夹上单击鼠标右键，在弹出的快捷菜单中选择"属性"选项，如图 2-72 所示。

2 弹出"办公 属性"对话框，在"常规"选项卡中，单击"高级"按钮，如图 2-73 所示。

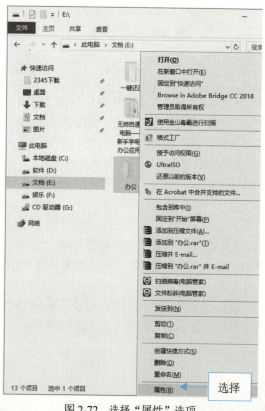

图 2-72　选择"属性"选项

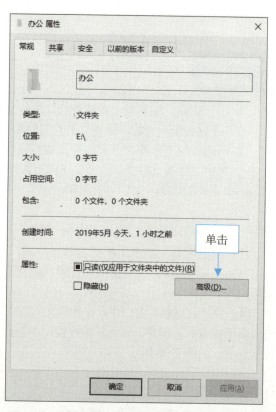

图 2-73　单击"高级"按钮

3 弹出"高级属性"对话框，在"压缩或加密属性"选项区中选中"加密内容以便保护数据"复选框，如图 2-74 所示。

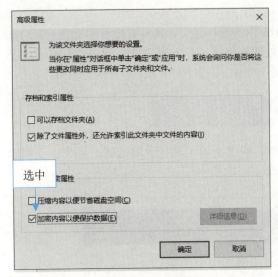

图 2-74 选中"加密内容以便保护数据"复选框

5 单击"确定"按钮，弹出"应用属性"对话框，对选择的文件夹进行加密，并显示加密进度，如图 2-76 所示。

图 2-76 显示加密进度

4 单击"确定"按钮，返回"办公 属性"对话框，接着单击"确定"按钮，弹出"确认属性更改"对话框，选中"将更改应用于此文件夹、子文件夹和文件"单选按钮，如图 2-75 所示。

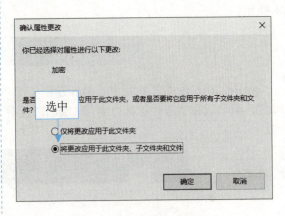

图 2-75 选中相应单选按钮

6 加密完成后，加密的文件夹图标右上角有一个带锁的标志，即完成了加密办公文件的操作，效果如图 2-77 所示。

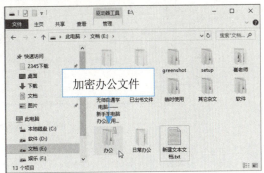

图 2-77 加密办公文件

电脑基础知识

系统常用操作

Word 办公入门

Word 图文排版

Excel 表格制作

Excel 数据管理

PPT 演示制作

Office 办公案例

办公辅助软件

电脑办公设备

电脑办公网络

电脑安全维护

第3章　Word 2016 办公入门

Word 2016 是 Microsoft 公司推出的 Office 2016 中的组件之一，其具有操作界面美观、功能强大且易学易用等特点，是目前最为流行的文字处理软件之一。本章主要介绍 Word 2016 的基本操作。

3.1　Word 2016 工作界面

Word 2016 的工作界面主要由标题栏、选项卡、快速访问工具栏、功能区、标尺、文档编辑区、滚动条和状态栏等部分组成，如图 3-1 所示。

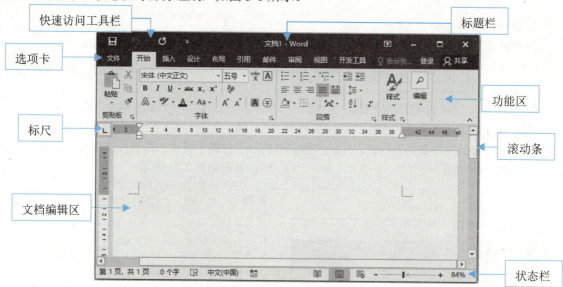

图 3-1　Word 2016 工作界面

3.1.1　标题栏

标题栏位于窗口的最上方、快速访问工具栏的右侧。在 Word 2016 中，标题栏由文档名称、程序名称、"功能区显示"按钮、"最小化"按钮、"最大化/向下还原"按钮和"关闭"按钮 6 个小部分组成，如图 3-2 所示。

图 3-2　标题栏

3.1.2　选项卡

选项卡位于标题栏的下方，由"文件""开始""插入""设计""布局""引用""邮件""审阅""视图"和"开发工具"组成，如图 3-3 所示。

| 文件 | 开始 | 插入 | 设计 | 布局 | 引用 | 邮件 | 审阅 | 视图 | 开发工具 |

图 3-3　选项卡

3.1.3　快速访问工具栏

快速访问工具栏位于窗口左上角，主要用于显示一些常用的操作按钮，在默认情况下，快速访问工具栏上的按钮只有"保存"按钮、"撤销键入"按钮、"重复键入"按钮和"自定义快速访问工具栏"按钮，如图 3-4 所示。此外，用户可以根据需要添加相应的操作按钮。

图 3-4　快速访问工具栏

3.1.4　功能区

在功能区中有许多自动适应窗口大小的选项组，为用户提供了常用的按钮或列表框，如图 3-5 所示。选项卡和功能区是对应的关系，在选项卡中单击某选项卡，即会显示与该选项卡对应的功能区。

图 3-5　功能区

3.1.5　标尺

标尺分为水平标尺和垂直标尺两种，分别位于文档编辑区的上边和左边，如图 3-6 所示为水平标尺。标尺上有数字、刻度和各种标记，通常以"cm"为单位，无论是排版，还是制表或定位，标尺都起着重要作用。

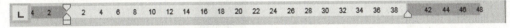

图 3-6　水平标尺

3.1.6　文档编辑区

文档编辑区也称为工作区，位于窗口中央，是用于进行文字输入、文本及图片编辑的工作区域，如图 3-7 所示。用户可以通过选择不同的视图方法来改变基本工作区对各项编辑显示的方式，在默认情况下，都是用页面视图。

快乐就是看淡尘世的物欲、烦恼，不慕荣利。

假如你喜欢武侠小说，你没有必要愧对红楼梦；

假如你喜欢的人突然销声匿迹，你没有必要寻死觅活地断言他一定洒脱地离去；

假如你的朋友不幸，你没有必要怨天尤人；

图 3-7　文档编辑区

3.1.7　滚动条

滚动条是窗口右边和下面用于移动窗口显示区的长条。当页面内容较多或者太宽时，页面右侧和底部就会自动显示滚动条，拖动滚动条中的滑块或者单击滚动条中的上下按钮可以滚动显示文档中的内容。

电脑基础知识

系统常用操作

Word 办公入门

Word 图文排版

Excel 表格制作

Excel 数据管理

PPT 演示制作

Office 办公案例

办公辅助软件

电脑办公设备

电脑办公网络

电脑安全维护

3.1.8 状态栏

状态栏用于显示 Word 文档当前的状态，例如，当前文档页数、总页数、字数、语言和输入状态等内容。状态栏的右侧是视图栏，其中包含视图按钮组、调节页面显示比例滑块和当前显示比例，如图 3-8 所示。

第 1 页，共 1 页　169 个字　中文(中国)　　　　　　　　　　84%

图 3-8　状态栏

3.2　Word 2016 基本操作

文件是文档的存储形式，所有的文档都需要存储为文件，便于以后编辑与修改。因此，掌握 Word 文档的基本操作是非常重要的，Word 的基本操作主要包括新建、打开、保存和关闭 Word 文档等内容。

扫码观看本节视频

3.2.1　新建 Word 文档

启动 Word 2016 后，系统会自动创建一个名为"文档 1"的空白文档，用户可以在该文档中直接输入内容。如果用户在编辑文档的过程中，还需要创建一个新的空白文档，也可以新建Word 文档，新建 Word 文档的具体操作步骤如下：

1. 从"开始"菜单中启动 Word 2016 应用程序，进入 Word 2016 工作界面，如图 3-9所示。

2. 单击"文件"菜单，在弹出的界面中单击"新建"选项，如图 3-10 所示。

图 3-9　Word 2016 工作界面

图 3-10　单击"新建"选项

3. 在中间窗格中单击"空白文档"按钮，如图 3-11 所示。

4. 执行操作后，即可新建一个空白文档，并命名为"文档 2"，如图 3-12 所示。

图 3-11　单击"空白文档"按钮

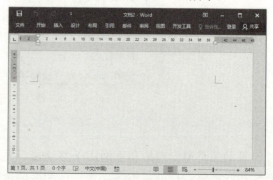

图 3-12　新建 Word 文档

电脑基础知识

系统常用操作

Word办公入门

Word图文排版

Excel表格制作

Excel数据管理

PPT演示制作

Office办公案例

办公辅助软件

电脑办公设备

电脑办公网络

电脑安全维护

专 家 提 醒

除了运用上述方法新建 Word 文档外，用户还可以按【Ctrl＋N】组合键，或者单击快速访问工具栏中的"新建"按钮。

知识链接

如果用户需要创建一些特殊的新文档，可以使用 Word 2016 提供的模板，它能帮助用户创建报告、简历、求职信、感谢卡以及请柬等。

3.2.2　打开 Word 文档

在编辑一个文档之前，必须先将其打开。Word 2016 提供了多种打开文档的方法。Word 2016 除了可以打开自身创建的文档外，还可以打开由其他软件创建的文档，打开 Word 文档的具体操作步骤如下：

1. 在 Word 2016 工作界面中单击"文件"菜单，在弹出的界面中单击"打开"选项，如图 3-13 所示。

2. 单击"浏览"按钮，在"名称"下拉列表框中，选择需要打开的 Word 文档，如图 3-14 所示。

图 3-13　单击"打开"选项

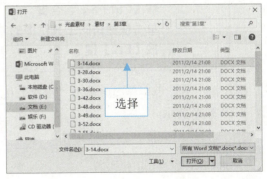

图 3-14　选择需要打开的 Word 文档

3. 单击"打开"按钮，即可打开一个 Word 文档，如图 3-15 所示。

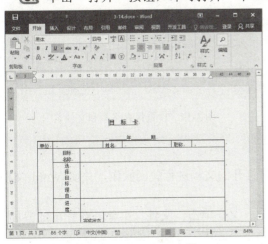

图 3-15　打开 Word 文档

专 家 提 醒

除了运用上述方法打开 Word 文档外，还有以下三种方法：

　按【Ctrl＋O】组合键。

　单击快速访问工具栏中的"打开"按钮。

　依次按键盘上的【Alt】、【F】和【O】键。

3.2.3 保存 Word 文档

保存文档是将文档作为一个磁盘文件存储起来，只有保存了文档，工作成果才不会丢失，因此养成及时保存文档的习惯非常重要。保存 Word 文档的具体操作步骤如下：

1. 在 Word 2016 工作界面中，选择一种合适的输入法，输入相应内容，如图 3-16 所示。

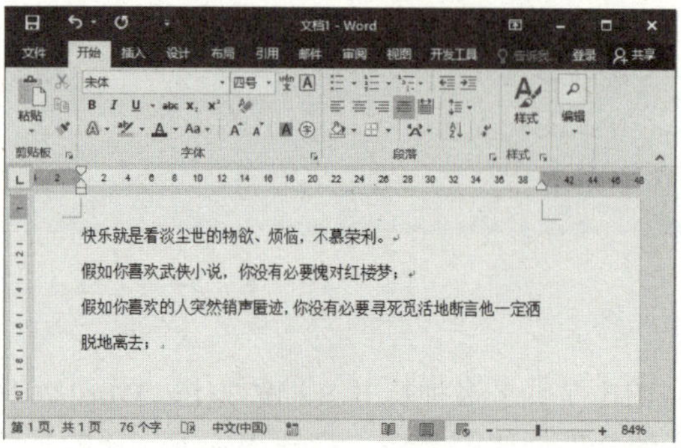

2. 单击"文件"菜单，在弹出的界面中单击"保存"选项，如图 3-17 所示。

图 3-16　输入内容

图 3-17　单击"保存"选项

专 家 提 醒

除了运用上述方法保存 Word 文档外，还有以下三种方法：
- 按【Ctrl＋S】组合键。
- 单击快速访问工具栏中的"保存"按钮。
- 按【F12】键。

3. 在"另存为"界面中单击"浏览"按钮，如图 3-18 所示。

4. 弹出"另存为"对话框，设置文档的保存路径及文件名，如图 3-19 所示，单击"保存"按钮，即可保存 Word 文档。

图 3-18　单击"浏览"按钮

图 3-19　设置保存路径和文件名

3.2.4 关闭 Word 文档

在编辑完文档并对文档进行保存后，就可以对打开的文档进行关闭操作，关闭 Word 文档的具体操作步骤如下：

1. 在 Word 2016 工作界面中，选择一种合适的输入法，输入相应内容，如图 3-20 所示。

2. 单击"文件"菜单，在弹出的界面中单击"关闭"选项，如图 3-21 所示。

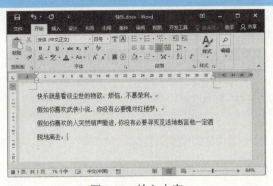

图 3-20　输入内容

图 3-21　单击"关闭"选项

3. 弹出提示信息框，提示用户是否保存文档，如图 3-22 所示。

4. 单击"不保存"按钮，即可关闭 Word 文档。

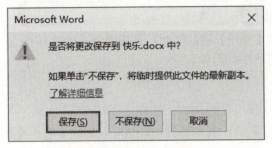

图 3-22　提示信息框

专家提醒

除了运用上述方法关闭 Word 文档外，还有以下两种方法：

- 按【Alt+F4】组合键。
- 单击标题栏右上角的"关闭"按钮。

3.3　输入和编辑 Word 文本

Word 2016 是一款功能非常强大的文本编辑软件，在 Word 2016 文档中，可以进行输入文本对象、选择文本对象、编辑文本对象、查找和替换文本等操作，只有熟练掌握这些基本的操作方法和编辑技巧，才能在处理文档时灵活自如。

扫码观看本节视频

3.3.1　输入文本对象

输入文本对象时，光标从左向右移动，这样用户可以连续不断地输入文本。Word 2016 会根据页面的大小自动换行，当光标移动到页面的右边界时，再输入字符，光标会自动移至下一行行首位置，如果用户想另起一段继续输入文本，按【Enter】键换行即可，输入文本对象的具体操作步骤如下：

1. 进入 Word 2016 工作界面，将光标定位在文档中，如图 3-23 所示。

2. 选择一种合适的输入法，输入"Word 2016 简介"文字，如图 3-24 所示。

图 3-23　定位光标

图 3-24　输入相应内容

电脑基础知识

系统常用操作

Word 办公入门

Word 图文排版

Excel 表格制作

Excel 数据管理

PPT 演示制作

Office 办公案例

办公辅助软件

电脑办公设备

电脑办公网络

电脑安全维护

3 按【Enter】键确认，将光标移至第 2 行行首，如图 3-25 所示。

图 3-25　移动光标

4 继续输入相应的内容，即可完成文本的输入，如图 3-26 所示。

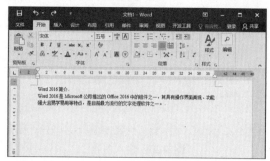

图 3-26　输入文本

专 家 提 醒

在 Word 2016 中输入文本时，按住【Shift】键的同时，再按键盘上的按键，可以输入大写字母或者是该键上方所标的符号。

3.3.2　选择文本对象

在编辑文本时，常常要对文档的某一部分进行删除、复制等操作，这时就必须先选择操作对象。选择文本对象的具体操作步骤如下：

1 单击快速访问工具栏中的"打开"按钮，打开一个 Word 文档，将鼠标定位在需要选择文本的开始位置，如图 3-27 所示。

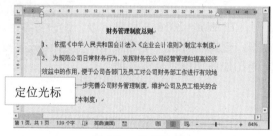

图 3-27　定位光标

2 按住鼠标左键并向下拖曳，至合适位置后释放鼠标，即可选择文本对象，效果如图 3-28 所示。

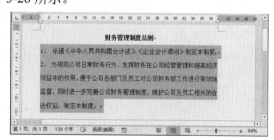

图 3-28　选择文本对象

知识链接

通过拖曳鼠标选定文本是最基本、最灵活的方法，它可以选定任意数量的文字。除此之外，还有以下几种选择文本对象的方法：

⚙ 单击选定：将鼠标移动到选定行的左侧空白处，当鼠标呈 ⬧ 形状时，单击鼠标左键，即可选定该行文本。

⚙ 双击选定：将鼠标移到某段文本的编辑区左侧，当光标呈 ⬧ 形状时，双击鼠标即可选定该段文本；将鼠标定位到单词中间或左侧，双击鼠标即可选定该单词。

⚙ 三击选定：将鼠标定位到要选定的段落中，三击鼠标左键可选中该段的所有文本；将鼠标移到文档左侧空白处，当鼠标呈 ⬧ 形状时，三击鼠标左键即可选中文档中所有内容。

3.3.3　复制粘贴文本对象

在文档中经常需要重复输入相同的文本时，可以使用复制粘贴文本的方法进行操作以节省时间，加快输入和编辑的速度。复制粘贴文本对象的具体操作步骤如下：

1. 单击快速访问工具栏中的"打开"按钮，打开一个 Word 文档，如图 3-29 所示。

2. 在文档编辑区选择需要复制的文字内容，如图 3-30 所示。

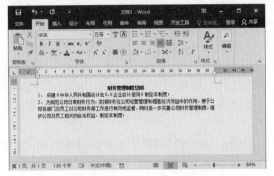

图 3-29　打开一个 Word 文档

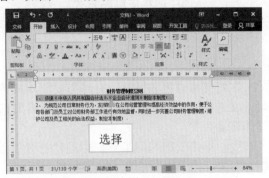

图 3-30　选择复制内容

3. 在"开始"|"剪贴板"选项组中单击"复制"按钮，如图 3-31 所示。

4. 将光标定位到需要粘贴的位置，如图 3-32 所示。

图 3-31　单击"复制"按钮

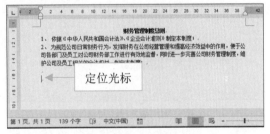

图 3-32　定位光标

专家提醒

除了运用上述方法复制文本对象外，还有以下两种方法：

　按【Ctrl+C】组合键。

　选中文本对象后，单击鼠标右键，在弹出的快捷菜单中选择"复制"选项。

5. 在"剪贴板"选项组中，单击"粘贴"按钮，如图 3-33 所示。

6. 执行操作后，即可将复制的文本粘贴到目标位置，如图 3-34 所示。

图 3-33　单击"粘贴"按钮

图 3-34　粘贴文本对象

电脑基础知识

系统常用操作

Word办公入门

Word 图文排版

Excel 表格制作

Excel 数据管理

PPT 演示制作

Office办公集例

办公辅助软件

电脑办公设备

电脑办公网络

电脑安全维护

电脑基础知识

系统常用操作

Word办公入门

Word图文排版

Excel表格制作

Excel数据管理

PPT演示制作

Office办公案例

办公辅助软件

电脑办公设备

电脑办公网络

电脑安全维护

专 家 提 醒

除了运用上述方法粘贴文本对象外，还有以下两种方法：
❀ 按【Ctrl＋V】组合键。
❀ 定位粘贴位置后，单击鼠标右键，在弹出的快捷菜单中选择"粘贴"选项中的相应粘贴方式。

3.3.4　移动和删除文本

在对文本进行编辑时，有时需要移动某些文本的位置，移动的方法与复制的方法类似。同时，在进行操作时，难免会出现输入错误的情况，可以进行删除处理。移动和删除文本的具体操作步骤如下：

1 单击快速访问工具栏中的"打开"按钮，打开一个 Word 文档，如图 3-35 所示。

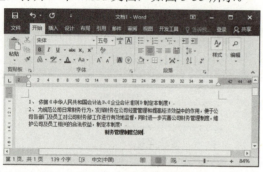

图 3-35　打开 Word 文档

2 在文档编辑区选择需要移动的文字内容，如图 3-36 所示。

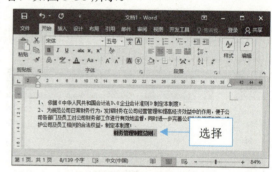

图 3-36　选择移动文字

3 按住鼠标左键，并将其拖曳至合适位置，如图 3-37 所示。

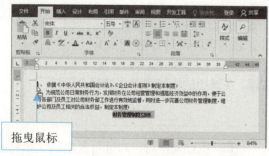

图 3-37　拖曳鼠标

4 释放鼠标后，完成所选择文本对象的移动，如图 3-38 所示。

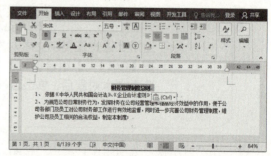

图 3-38　移动选择的文本

5 在文档编辑区选择需要删除的文字内容，如图 3-39 所示。

图 3-39　选择删除对象

6 按【Delete】键，执行操作后，即可删除所选的文本对象，如图 3-40 所示。

图 3-40　删除文本对象

知识链接

> 在 Word 2016 中，最常用删除文本的方法是使用键盘上的【Backspace】键或【Delete】键，【Delete】键会删除插入点所在位置右侧的内容，而【Backspace】键会删除插入点所在位置左侧的内容。

3.3.5　查找和替换文本

使用 Word 2016 中的"查找和替换"功能，可以查找和替换文档中的文本、格式、段落、标记、分页符和其他项目，此外还可以使用通配符和代码扩展搜索，查找和替换文本的具体操作步骤如下：

1. 单击快速访问工具栏中的"打开"按钮，打开一个 Word 文档，如图 3-41 所示。

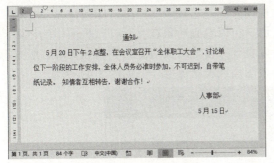

图 3-41　打开 Word 文档

2. 在"开始"|"编辑"选项组中，单击"替换"按钮，如图 3-42 所示。

图 3-42　单击"替换"按钮

3. 弹出"查找和替换"对话框，在"查找内容"文本框中输入"人事部"，在"替换为"文本框中输入"办公室"，如图 3-43 所示。

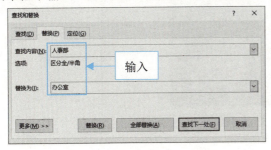

图 3-43　"查找和替换"对话框

4. 单击"查找下一处"按钮，在文档编辑区中，将突显需要替换的文字内容，如图 3-44 所示。

图 3-44　显示需要替换的文字

5. 单击"替换"按钮，弹出提示信息框，提示用户已完成对文档的搜索，如图 3-45 所示。

图 3-45　提示信息框

6. 单击"确定"按钮，结束查找和替换文本的操作，如图 3-46 所示。

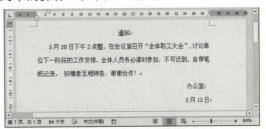

图 3-46　替换文本后的效果

专 家 提 醒

除了运用上述方法弹出"查找和替换"对话框外，用户还可以按【Ctrl＋H】组合键。

3.4　Word 2016 视图方式

扫码观看本节视频

在 Word 2016 中，主要包括页面视图、大纲视图、草稿视图、Web 版式视图、阅读视图和展开导航窗格 6 种，切换至"视图"选项卡，在"视图"选项组中单击相应按钮，即可切换至与该按钮相对应的文档视图。

3.4.1　页面视图

页面视图是默认视图，是 Word 中最常用的视图方式。它按照文档的打印效果显示文档，是可视化效果最强的视图方式。在页面视图中，用户可以看到对象在实际打印页面中的位置，从而可以进一步美化文档。通过页面视图用户可以直观方便地对页边距、页眉和页脚、版式等进行编辑修改，在文本中添加标注或文本框、插入图片或表格等操作，如图 3-47 所示。

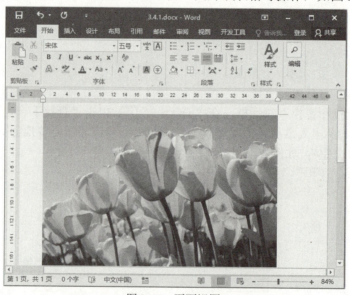

图 3-47　页面视图

3.4.2　大纲视图

大纲视图是一种通过缩进文档标题方式来表示在文档中级别的显示方式。大纲视图方式特别适合多层次的文档，如报告文体和章节排版等，它将所有的标题分级显示出来，层次分明。用户通过该视图可以方便地在文档中进行页面跳转、修改标题以及移动标题重新安排文本等操作，是进行文档结构重组操作的最佳视图方式。由于其特殊的属性，可以方便地移动、重组文档，它不仅仅是一个视图，更是一个工具，可以帮助用户创建和重组复杂文档。切换至大纲视图的具体操作步骤如下：

1 单击快速访问工具栏中的"打开"按钮，打开一个 Word 文档，如图 3-48 所示。

2 切换至"视图"选项卡，在"视图"选项组中单击"大纲视图"按钮，如图 3-49 所示。

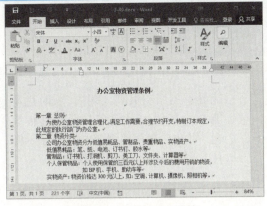

图 3-48　打开 Word 文档

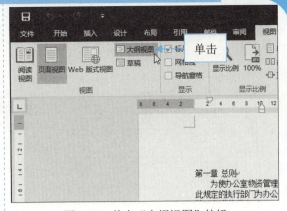

图 3-49　单击"大纲视图"按钮

执行操作后，即可切换至大纲视图，如图 3-50 所示。

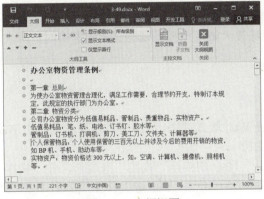

图 3-50　大纲视图

知识链接

此外，大纲视图模式还具有主控文档的功能，用户可以通过主控文档将长文档分为小文档，或者将小文档组织成长文档。在大纲视图模式下，不显示页边距、页眉和页脚、图片和背景。

3.4.3　草稿视图

草稿视图是 Word 中比较常用的视图方式，与其他视图方式相比，该视图的页面布局最简单，只显示字体、字形、段落缩进，以及行间距等最基本的文本格式，比较适合一般的输入和编辑工作。切换至草稿视图的具体操作步骤如下：

1. 单击快速访问工具栏中的"打开"按钮，打开一个 Word 文档，如图 3-51 所示。

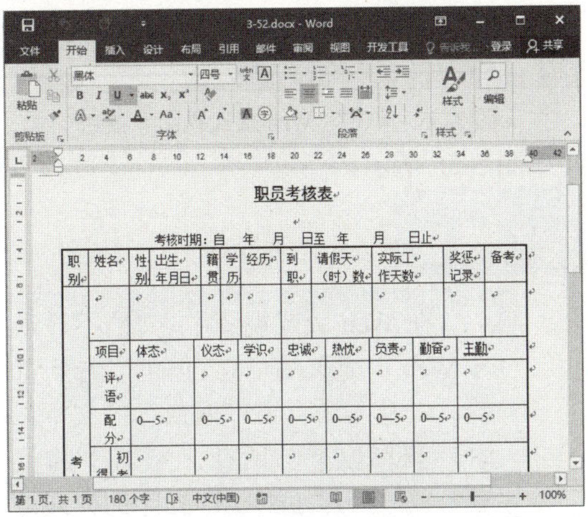

2. 切换至"视图"选项卡，在"视图"选项组中单击"草稿"按钮，如图 3-52 所示。

图 3-51　打开 Word 文档

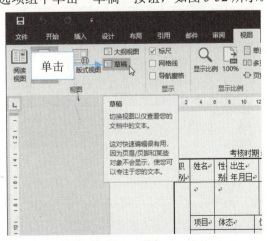

图 3-52　单击"草稿"按钮

③ 执行操作后，即可切换至草稿视图，如图3-53所示。

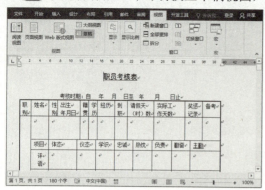

图3-53　草稿视图

知识链接

在 Word 2016 中，草稿视图中不能显示页眉和页脚，多栏排版时也不能显示多栏，只能在一栏中进行编辑。此外，在草稿视图中不能显示图片，同时也不能进行绘图操作。

专 家 提 醒

草稿视图的优点是响应速度快，能够最大幅度地缩短视图显示的等待时间，可以提高工作效率。

3.4.4　Web 版式视图

Web 版式视图主要用于编辑 Web 页，如果选择 Web 版式视图，编辑窗口将显示文档的 Web 布局视图，切换至 Web 版式视图的具体操作步骤如下：

① 单击快速访问工具栏中的"打开"按钮，打开一个 Word 文档，如图3-54所示。

② 切换至"视图"选项卡，在"视图"选项组中单击"Web 版式视图"按钮，如图3-55所示。

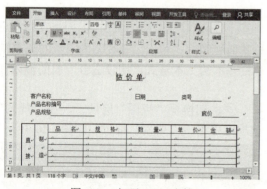

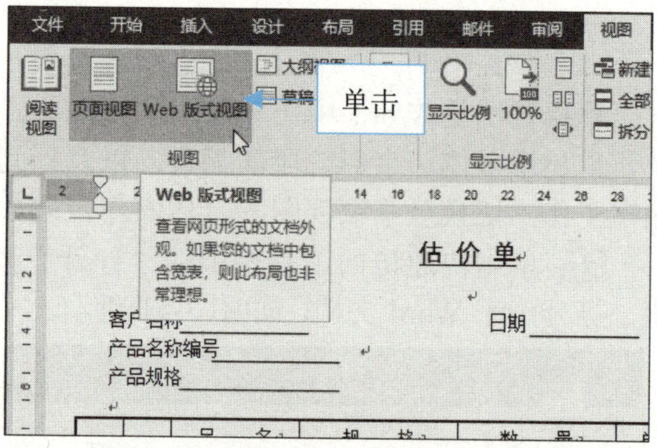

图3-54　打开 Word 文档

图3-55　单击"Web 版式视图"按钮

③ 执行操作后，即可切换至 Web 版式视图，如图3-56所示。

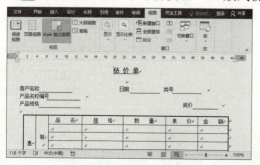

知识链接

在 Web 版式视图中，文档不显示与 Web 页无关的信息，但可以看到背景，以及为适合窗口而换行的文本，而且图形位置与所在浏览器中的位置一致，不显示为实际打印的样式。

图3-56　Web 版式视图

3.4.5　阅读视图

阅读视图是用户在阅读文章时经常使用的视图方式。在阅读视图中，用户可以进行批注、用色笔标记文本和查找参考文本等操作，使得阅读起来比较贴近自然习惯。切换至阅读视图的具体操作步骤如下：

1. 单击快速访问工具栏中的"打开"按钮，打开一个 Word 文档，如图 3-57 所示。

2. 切换至"视图"选项卡，在"视图"选项组中单击"阅读视图"按钮，如图 3-58 所示。

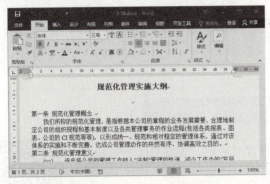

图 3-57　打开 Word 文档

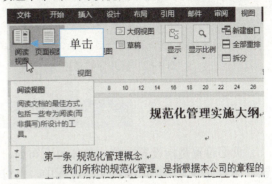

图 3-58　单击"阅读视图"按钮

3. 执行操作后，即可切换至阅读视图，如图 3-59 所示。

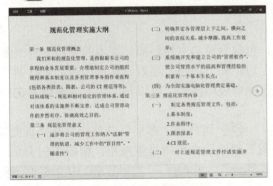

图 3-59　阅读视图

知识链接

在阅读视图中，不显示功能区、滚动条等，整个屏幕上只显示文档内容，阅读紧凑的文档时，它能将相连的页面显示在一个版面上，十分方便阅读。按【Esc】键，即可退出阅读视图。

3.4.6　展开导航窗格

导航窗格是一个独立的纵向窗格，位于文档窗口的左侧，用来显示文档的标题列表。展开导航窗格的具体操作步骤如下：

1. 单击快速访问工具栏中的"打开"按钮，打开一个 Word 文档，如图 3-60 所示。

2. 切换至"视图"选项卡，在"显示"选项组中选中"导航窗格"复选框，如图 3-61 所示。

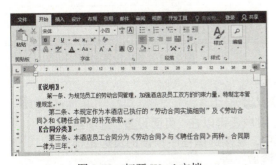

图 3-60　打开 Word 文档

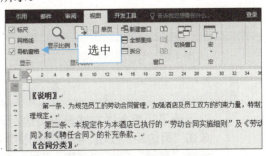

图 3-61　选中"导航窗格"复选框

电脑基础知识

系统常用操作

Word 办公入门

Word 图文排版

Excel 表格制作

Excel 数据管理

PPT 演示制作

Office 办公案例

办公辅助软件

电脑办公设备

电脑办公网络

电脑安全维护

③ 执行操作后，即可展开导航窗格，如图 3-62 所示。

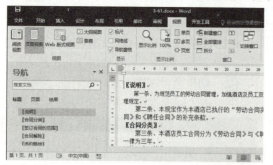

图 3-62　展开导航窗格

3.5　设置 Word 2016 页面

页面设置是指设置文档的整体版面布局，如设置页边距、设置页面纸张和设置页面背景等。用户在编辑文档过程中，也可以随时更改这些设置。由于页面设置将影响到整个文档的版式，所以在开始编辑一个文档之前就要对页面进行设置，使该文档符合要求。

扫码观看本节视频

3.5.1　设置页边距

页边距是指文档中的文本区到页边界的距离，也称为页边空白距离。文本的左边界到纸张左边界的距离称为左边距，相应的还有右边距、上边距和下边距。通过设置页边距，可以调整文档或当前小节的边距大小。Word 2016 预设了多种页边距样式，可以帮助用户快速设置文档的页边距。设置页边距的具体操作步骤如下：

① 单击快速访问工具栏中的"打开"按钮，打开一个 Word 文档，如图 3-63 所示。

② 切换至"布局"选项卡，在"页面设置"选项组中单击设置按钮，如图 3-64 所示。

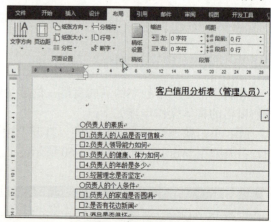

图 3-63　打开 Word 文档　　　　图 3-64　单击设置按钮

专　家　提　醒

除了运用上述方法设置页边距外，用户还可以在"页面设置"选项组中，单击"页边距"按钮，在弹出的列表框中，直接选择程序预设的页边距样式，包括"普通""窄""适中""宽"和"镜像"等。

③ 弹出"页面设置"对话框，切换至"页边距"选项卡，在"页边距"选项区中，设置"上""下""左"和"右"均为1，如图3-65所示。

④ 设置完成后，单击"确定"按钮，即可应用所设置的页边距，如图3-66所示。

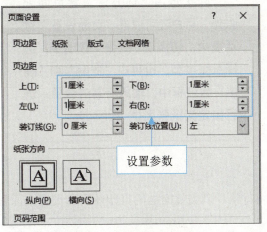

图3-65　设置页边距参数

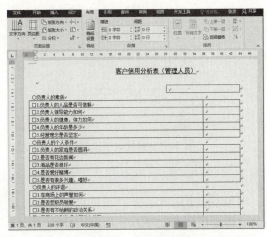

图3-66　设置页边距

知识链接

　　如果要将当前的页边距设置为默认页边距，可以在设置新的页边距后，单击"设为默认值"按钮，新的默认设置将保存在该文档的模板中，以后每一个基于该模板创建的新文档将自动使用该页边距设置。

3.5.2　设置页面纸张

　　在Word 2016中，可以根据需要设置相应的纸张大小，默认的纸张大小为A4。设置页面纸张的具体操作步骤如下：

① 单击快速访问工具栏中的"打开"按钮，打开一个Word文档，如图3-67所示。

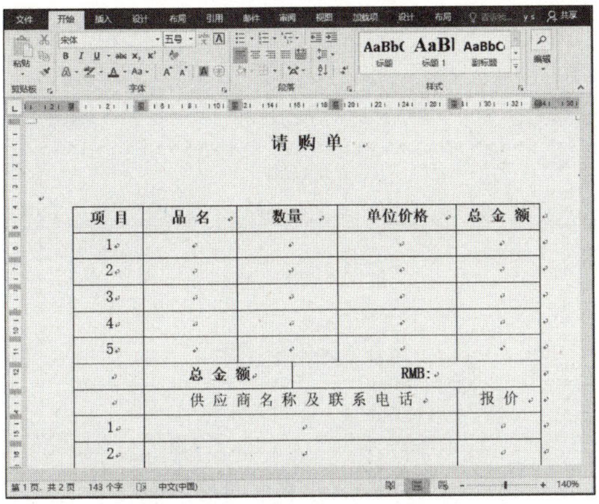

② 切换至"布局"选项卡，在"页面设置"选项组中，单击"纸张大小"下拉按钮，在弹出的列表框中选择A3选项，如图3-68所示。

图3-67　打开Word文档

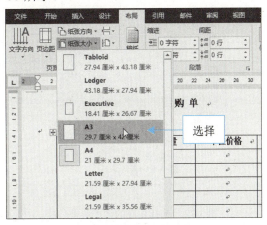

图3-68　选择A3选项

③ 执行操作后，即可设置页面纸张为 A3，如图 3-69 所示。

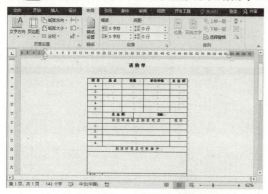

图 3-69　设置页面纸张

专 家 提 醒

除了运用上述方法设置页面纸张外，用户还可以在"页面设置"对话框中，切换至"纸张"选项卡，选择纸张类型，也可在"宽度"和"高度"数值框中，输入所需的数值，进行自定义纸张大小。

3.5.3　设置页面背景

在 Word 2016 中，用户可以根据需要设置页面背景，以美化文档的打印效果。设置页面背景的具体操作步骤如下：

① 单击快速访问工具栏中的"打开"按钮，打开一个 Word 文档，如图 3-70 所示。

② 在"设计"|"页面背景"选项组中，单击"页面边框"按钮，如图 3-71 所示。

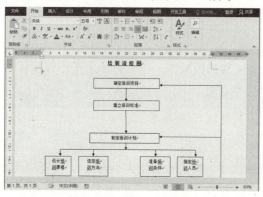

图 3-70　打开 Word 文档

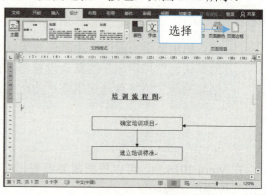

图 3-71　选择"边框和底纹"选项

③ 弹出"边框和底纹"对话框，切换至"页面边框"选项卡，在"艺术型"下拉列表框中选择所需的艺术边框效果，如图 3-72 所示。

④ 单击"确定"按钮，即可应用所设置的页面背景，效果如图 3-73 所示。

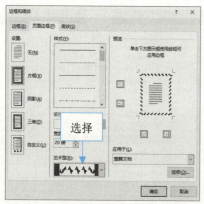

图 3-72　选择相应的艺术边框效果

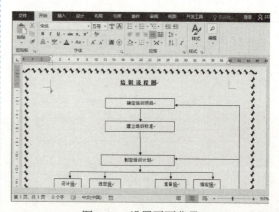

图 3-73　设置页面背景

电脑基础知识

系统常用操作

Word办公入门

Word图文排版

Excel表格制作

Excel数据管理

PPT演示制作

Office办公案例

办公辅助软件

电脑办公设备

电脑办公网络

电脑安全维护

专家提醒

在"页面边框"选项卡中，单击"宽度"右侧的微调控制柄，可以调整页面边框的宽度。

3.6　设置Word文档格式

在Word 2016中输入文本后，用户可以根据需要对文本格式进行相应的操作，使文档更加美观，从而增加文章的可读性。设置Word文档格式包括设置字体格式、调整段落格式、插入项目符号和编号以及设置边框和底纹等。

扫码观看本节视频

3.6.1　设置字体格式

设置文字格式主要包括对文字的字体、字号、字形、字符间距以及字体效果等方面的设置。在Word 2016中，设置文字格式可以通过"字体"选项组和对话框两种方式实现。设置字体格式的具体操作步骤如下：

1. 单击快速访问工具栏中的"打开"按钮，打开一个Word文档，如图3-74所示。

2. 在文档编辑区中选择需要设置字体格式的文字内容，如图3-75所示。

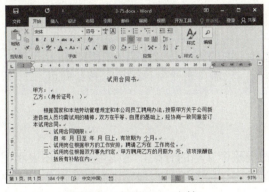

图3-74　打开Word文档

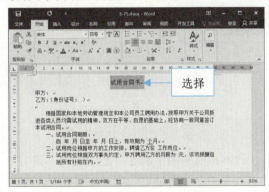

图3-75　选择需要设置格式的文字

3. 在"开始"|"字体"选项组中，单击"字体"右侧的下拉按钮，在弹出的下拉列表框中选择"黑体"选项，如图3-76所示。

4. 在"字体"选项组中，单击"字号"右侧的下拉按钮，在弹出的下拉列表框中选择"二号"选项，如图3-77所示。

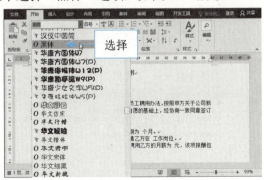

图3-76　选择"黑体"选项

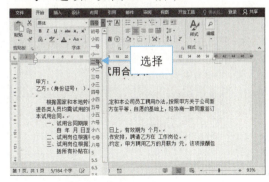

图3-77　选择"二号"选项

专家提醒

在 Word 2016 中，字号采用"号"和"磅"两种度量单位来度量文字的大小，"号"是中国的习惯用法，而"磅"是西方国家的习惯用法。

5. 在"字体"选项组中，单击"字体颜色"右侧的下拉按钮，在弹出的颜色面板中选择"红色"，如图 3-78 所示。

6. 执行上述操作后，即可应用所设置的字体格式，效果如图 3-79 所示。

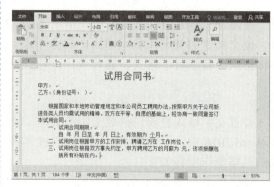

图 3-78　设置字体颜色　　　　　　图 3-79　设置字体格式

知识链接

　　如果更改过字体颜色，则"字体"选项组中的"字体颜色"按钮底部将显示最后一次使用过的颜色，如果仍要使用该颜色，只需单击"字体颜色"按钮即可。

3.6.2　调整段落格式

　　段落指的是两个回车符之间的文本内容，是构成整个文档的骨架，它是由正文、图表和图形等加上一个段落标记构成。段落的格式包括段落对齐、段落缩进、段落间距和行距等。调整段落格式的具体操作步骤如下：

1. 单击快速访问工具栏中的"打开"按钮，打开一个 Word 文档，如图 3-80 所示。

2. 在文档编辑区中选择需要设置对齐方式的段落内容，如图 3-81 所示。

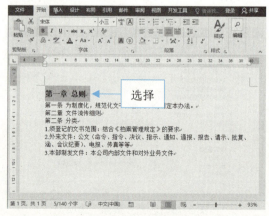

图 3-80　打开 Word 文档　　　　　图 3-81　选择需要设置对齐的文字

3. 在"开始"|"段落"选项组中，单击"居中"按钮，如图 3-82 所示。

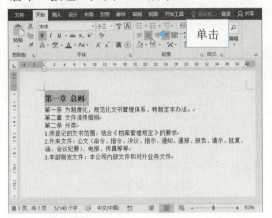

图 3-82　单击"居中"按钮

4. 执行操作，所选段落即可应用所设置的居中对齐方式，如图 3-83 所示。

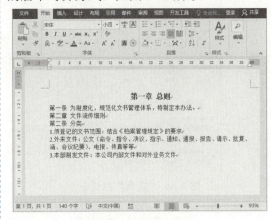

图 3-83　设置居中对齐

知识链接

　　段落的对齐方式有五种，分别为左对齐、右对齐、居中对齐、两端对齐和分散对齐。各对齐方式在不同的文档中有不同的应用，例如，在信函和表格中，文档中的日期经常使用右对齐方式。

5. 在文档编辑区中选择需要设置段落格式的文字内容，如图 3-84 所示。

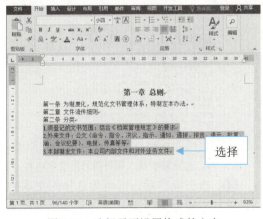

图 3-84　选择需要设置格式的文字

6. 在"段落"选项组中，单击设置按钮，如图 3-85 所示。

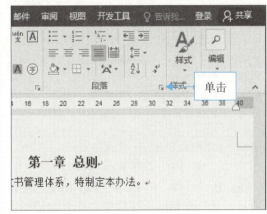

图 3-85　单击设置按钮

专家提醒

　　除了运用上述方法弹出"段落"对话框外，用户还可以选定文本后，单击鼠标右键，在弹出的快捷菜单中选择"段落"选项。

7. 弹出"段落"对话框，在"缩进"选项区中设置"特殊格式"为"首行缩进""行距"为"1.5 倍行距"，如图 3-86 所示。

8. 单击"确定"按钮，即可调整所选文字的段落格式，效果如图 3-87 所示。

电脑基础知识

系统常用操作

Word 办公入门

Word 图文排版

Excel 表格制作

Excel 数据管理

PPT 演示制作

Office 办公案例

办公辅助软件

电脑办公设备

电脑办公网络

电脑安全维护

图3-86　"段落"对话框

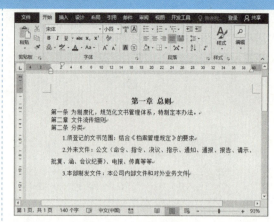

图3-87　调整段落格式

3.6.3　插入项目符号和编号

在编写文档的过程中，经常需要添加项目符号或编号，使用编号或项目符号来组织文档，可以使文档层次分明、条理清晰、内容醒目。用户可以创建图形作为项目符号，而不使用默认的标准项目符号。如果要显示连续的项目列表，则既可以创建编号列表，也可以选择使用字母或数字作为编号。插入项目符号和编号的具体操作步骤如下：

1 单击快速访问工具栏中的"打开"按钮，打开一个 Word 文档，如图 3-88 所示。

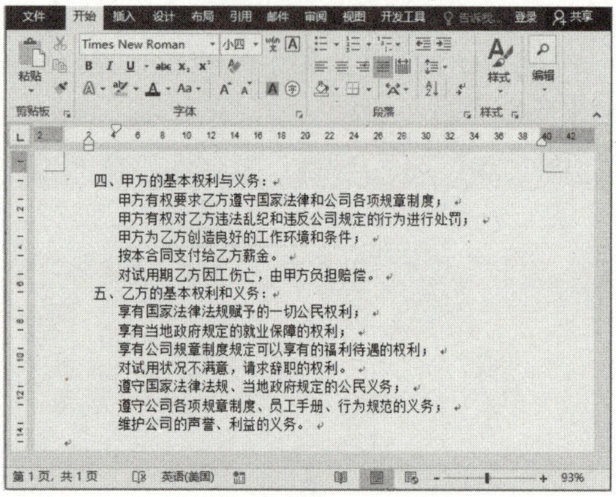

2 在文档编辑区中选择需要插入项目符号的文字内容，如图 3-89 所示。

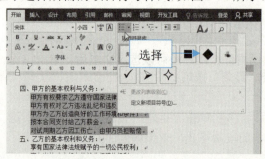

图3-88　打开 Word 文档

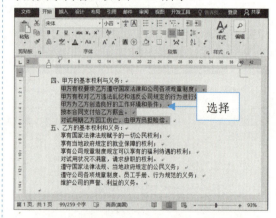

图3-89　选择需要插入项目符号的文字内容

3 在"开始"|"段落"选项组中，单击"项目符号"右侧的下拉按钮，在弹出的列表框中选择所需的项目符号样式，如图 3-90 所示。

4 执行操作后，即可为选择的文本插入项目符号，效果如图 3-91 所示。

图3-90　选择项目符号样式

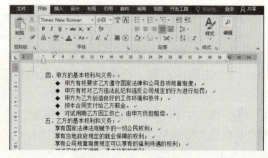

图3-91　插入项目符号

电脑基础知识

系统常用操作

Word办公入门

Word图文排版

Excel表格制作

Excel数据管理

PPT演示制作

Office办公案例

办公辅助软件

电脑办公设备

电脑办公网络

电脑安全维护

此外，在"项目符号"列表框中选择"定义新项目符号"选项，可以在弹出的"定义新项目符号"对话框中定义其他图片或图形为项目符号样式。

5 在文档编辑区中选择需要插入编号的文字内容，如图3-92所示。

6 在"段落"选项组中，单击"编号"右侧的下拉按钮，在弹出的列表框中选择所需的编号样式，如图3-93所示。

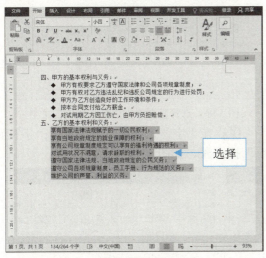

图3-92　选择需要插入编号的文字

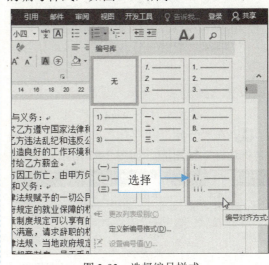

图3-93　选择编号样式

7 执行操作后，即可为选择的文本插入编号，如图3-94所示。

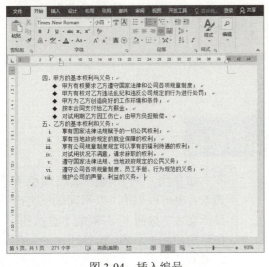

图3-94　插入编号

知识链接

如果内置的编号样式不能满足用户的需求，可以自定义编号样式。在"编号"列表框中选择"定义新编号格式"选项，弹出"定义新编号格式"对话框，在其中可以定义新的编号样式。

3.6.4　添加边框和底纹

除了可以对文字和段落的格式进行设置以达到美化文档的作用之外，还可以为文字、段落添加边框或底纹，从而使显示的内容更加突出和醒目。添加边框和底纹的具体操作步骤如下：

1 单击快速访问工具栏中的"打开"按钮，打开一个Word文档，如图3-95所示。

2 在文档编辑区中选择需要添加边框和底纹的文字内容，如图3-96所示。

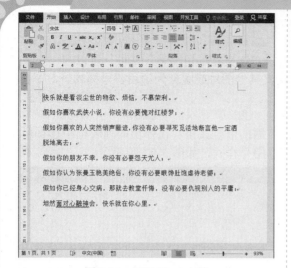

图 3-95 打开 Word 文档

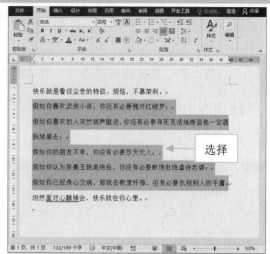

图 3-96 选择需要添加边框和底纹的文字

3 在"开始"|"字体"选项组中，单击"字符边框"按钮 A，如图 3-97 所示。

4 在"字体"选项组中，单击"字符底纹"按钮 A，如图 3-98 所示。

图 3-97 单击"字符边框"按钮

图 3-98 单击"字符底纹"按钮

5 执行操作后，即可添加边框和底纹，如图 3-99 所示。

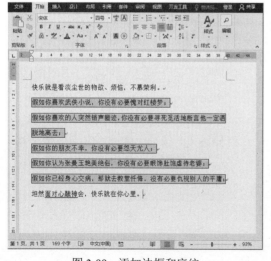

图 3-99 添加边框和底纹

知识链接

如果用户对设置的底纹颜色不满意，也可以单击"以不同颜色突出显示文本"按钮 右侧的下拉按钮，在弹出的列表框中，选择所需的颜色即可。

3.6.5 使用格式刷

在 Word 中，格式刷具有非常强大的复制格式功能，无论是字符格式还是段落格式，格式刷都能够将所选文本或段落的所有格式复制到其他文本或段落中，大大减少了文档编辑的重复劳动。使用格式刷的具体操作步骤如下：

1. 单击快速访问工具栏中的"打开"按钮，打开一个 Word 文档，如图 3-100 所示。

2. 在文档编辑区中选择第一行文字，在"开始"|"剪贴板"选项组中，单击"格式刷"按钮，如图 3-101 所示。

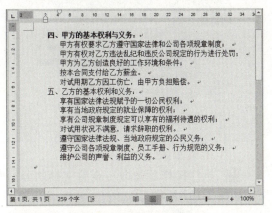

图 3-100　打开 Word 文档

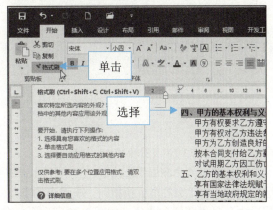

图 3-101　单击"格式刷"按钮

3. 将鼠标光标移动到文档编辑区中，发现其变成了"格式刷"样式，如图 3-102 所示。

4. 按住鼠标左键选择需要粘贴格式的目标文本，松开鼠标左键，目标文本的格式即可与源文本的格式相同，如图 3-103 所示。

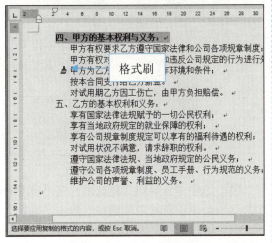

图 3-102　格式刷样式

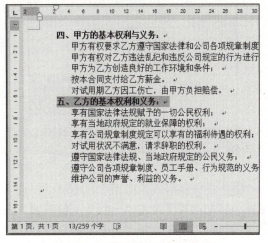

图 3-103　使用格式刷后的效果

专家提醒

单击一次"格式刷"按钮，仅使用一次该样式，连续两次单击"格式刷"按钮，就可以多次使用该样式。

3.6.6　设置分栏

在 Word 文档编排中，有时会把文档内容分成多栏来进行排版，这样的排版方式使得文档的内容更加简洁美观，让人耳目一新。在设置分栏排版的时候，用户不仅可以设置文档的栏数，还可以在每栏中间加入分割线，使每栏的显示效果更加明显。设置分栏的具体操作步骤如下：

1. 单击快速访问工具栏中的"打开"按钮，打开一个 Word 文档，如图 3-104 所示。

2. 在文档编辑区中选择第一行以外的所有文字为分栏的内容，如图 3-105 所示。

电脑基础知识

系统常用操作

Word办公入门

Word图文排版

Excel表格制作

Excel数据管理

PPT演示制作

Office办公案例

办公辅助软件

电脑办公设备

电脑办公网络

电脑安全维护

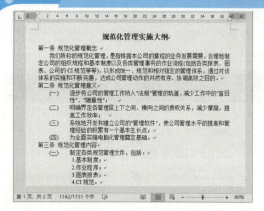

图 3-104　打开 Word 文档

3 切换至"布局"选项卡，在"页面设置"选项组中单击"分栏"下拉按钮，在弹出的下拉列表中选择"两栏"选项，如图 3-106 所示。

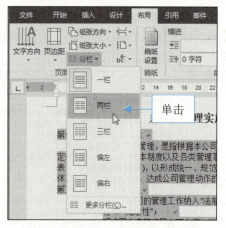

图 3-106　选择"两栏"选项

5 在分栏版式的应用中，还可以在选中文档内容的前提下单击"分栏"下拉按钮，在弹出的下拉列表中选择"更多分栏"选项，弹出"分栏"对话框，如图 3-108 所示。

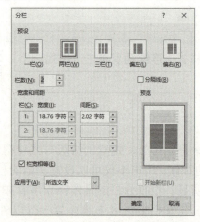

图 3-108　"分栏"对话框

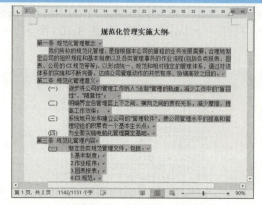

图 3-105　选择分栏内容

4 执行操作后，即可查看文档的分栏效果，如图 3-107 所示。

图 3-107　分栏效果

6 选中"分隔线"复选框，在"宽度和间距"选项区中设置相应的选项，单击"确定"按钮，即可快速调整栏宽和添加分隔线，方便读者更好地阅读，如图 3-109 所示。

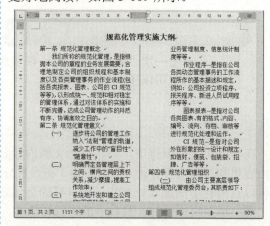

图 3-109　设置分隔线和栏宽后效果

电脑基础知识

系统常用操作

Word办公入门

Word图文排版

Excel表格制作

Excel数据管理

PPT演示制作

Office办公案例

办公辅助软件

电脑办公设备

电脑办公网络

电脑安全维护

第4章　Word 2016 图文排版

在 Word 2016 中，用户不仅可以输入文字内容，还可以插入图片、艺术字和图表等，以增强文档的可读性，使整个文档变得赏心悦目。本章将进一步介绍 Word 2016 的图文排版操作。

4.1　插入图片和图形

在 Word 2016 中插入的图片和图形，可以是系统提供的图片，也可以是从其他程序或位置导入的图片，还可以是从扫描仪、数码相机中直接获取的图片。本节主要介绍插入图形或图片等对象的操作方法。

扫码观看本节视频

4.1.1　插入图片

在 Word 2016 中进行编辑时，可以插入图片，以实现图文混排，这些图片文件可以是 Windows 的标准 BMP 位图，也可以是其他应用程序所创建的图片，如 JPEG、GIF 以及 TIFF 等格式的图片。插入图片的具体操作步骤如下：

1 单击快速访问工具栏中的"打开"按钮，打开一个 Word 文档，将光标定位在需要插入图片的位置，如图 4-1 所示。

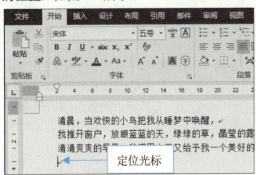

图 4-1　定位光标

3 弹出"插入图片"对话框，在其中选择要插入的图片，如图 4-3 所示。

图 4-3　选择要插入的图片

2 切换至"插入"选项卡，单击"插图"选项组中的"图片"按钮，如图 4-2 所示。

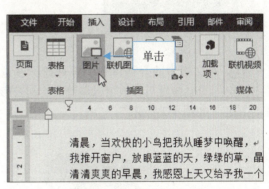

图 4-2　单击"图片"按钮

4 单击"插入"按钮，即可将图片插入到指定的位置，如图 4-4 所示。

图 4-4　插入图片

电脑基础知识

系统常用操作

Word办公入门

Word图文排版

Excel表格制作

Excel数据管理

PPT演示制作

Office办公案例

办公辅助软件

电脑办公设备

电脑办公网络

电脑安全维护

专家提醒

除了运用上述方法在文档中插入图片外，用户还可以在目标文件夹中选择需要插入的图片，按【Ctrl＋C】组合键复制图片，切换至 Word 文档中，按【Ctrl＋V】组合键粘贴图片。

4.1.2 插入图形

Word 2016 还提供了一套强大的用于绘制图形的工具，用户能够用这套工具在文档中绘制所需的图形。用户可以在文档中自行绘制各种形状，如线条、正方形、椭圆、箭头、流程图、旗帜和星形等。插入图形的具体操作步骤如下：

1. 单击快速访问工具栏中的"打开"按钮，打开一个 Word 文档，如图 4-5 所示。

2. 切换至"插入"选项卡，单击"插图"选项组中的"形状"按钮，在弹出的下拉列表框中选择"云形标注"选项，如图 4-6 所示。

图 4-5　打开 Word 文档

图 4-6　选择"云形标注"选项

3. 在文档中的合适位置上按住鼠标左键并拖曳，至合适位置后释放鼠标左键，绘制云形标注图形，如图 4-7 所示。

4. 在"绘图工具-格式"选项卡的"形状样式"选项组中，设置相应的填充颜色，并在云形标注中输入文字，完成图形的插入，如图 4-8 所示。

图 4-7　绘制图形

图 4-8　编辑图形

知识链接

插入图形后，如果其大小、位置、形状和颜色等不能满足需求时，用户可以使用图形编辑功能对这些图形进行适当的调整，使文档更加美观。

4.1.3　插入联机图片

在 Word 2016 中可以通过联网插入互联网中的图片，插入联机图片的具体操作步骤如下：

1. 单击快速访问工具栏中的"打开"按钮，打开一个 Word 文档，如图 4-9 所示。

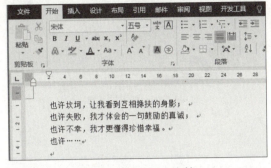

图 4-9　打开 Word 文档

2. 切换至"插入"选项卡，单击"插图"选项组中的"联机图片"按钮，如图 4-10 所示。

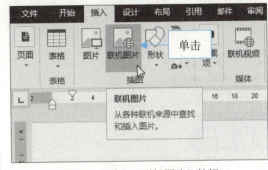

图 4-10　单击"联机图片"按钮

3. 弹出"插入图片"对话框，在搜索框中输入关键字"电脑办公"，单击"搜索"按钮，如图 4-11 所示。

图 4-11　单击"搜索"按钮

4. 在打开的搜索结果列表中，选择需要的图片，如图 4-12 所示，单击"插入"按钮，即可将所选图片插入到文档中。

图 4-12　选择图片

4.1.4　插入艺术字

在 Word 2016 中可以创建出各种文字的艺术效果，甚至可以把文本扭曲成各种形状，或者设置为具有三维轮廓的效果。插入艺术字的具体操作步骤如下：

1. 单击快速访问工具栏中的"打开"按钮，打开一个 Word 文档，将光标定位在需要插入艺术字的位置，如图 4-13 所示。

图 4-13　定位光标

2. 切换至"插入"选项卡，单击"文本"选项组中的"艺术字"按钮，在弹出的下拉列表框中选择所需的艺术字样式，如图 4-14 所示。

图 4-14　选择艺术字样式

电脑基础知识

系统常用操作

Word 办公入门

Word 图文排版

Excel 表格制作

Excel 数据管理

PPT 演示制作

Office 办公案例

办公辅助软件

电脑办公设备

电脑办公网络

电脑安全维护

3 此时在文档编辑区指定位置处，将显示"请在此放置您的文字"提示信息文字，如图4-15所示。

4 将文本框中原有的文字删除，输入所需的文字内容，并将其移至合适位置，即可插入艺术字，如图4-16所示。

图 4-15　显示相应提示信息

图 4-16　插入艺术字

知识链接

> 在 Word 2016 中插入艺术字后，用户还可以根据需要在"绘图工具-格式"选项卡中，设置艺术字的属性，包括大小、排列、样式、形状、格式和旋转等。

4.1.5　插入文本框

在 Word 2016 中，除了可以直接输入文字外，还可以插入文本框，在其中插入文字以及图片等内容。插入文本框的具体操作步骤如下：

1 单击快速访问工具栏中的"打开"按钮，打开一个 Word 文档，将光标定位在需要插入文本框的位置，如图4-17所示。

2 切换至"插入"选项卡，单击"文本"选项组中的"文本框"按钮，在弹出的下拉列表框中选择"简单文本框"，如图4-18所示。

图 4-17　定位光标

图 4-18　选择"简单文本框"选项

3 此时，在文档编辑区指定位置处，将显示插入的文本框，并显示相应提示信息，如图4-19所示。

4 将文本框中原有的文字删除，输入所需的文字内容，并设置所需文字格式和文本框边框，完成文本框的插入，如图4-20所示。

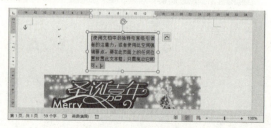

图 4-19　显示文本框

图 4-20　编辑文本框

4.1.6　插入 SmartArt 图形

在 Word 2016 中，为了使文字之间的关联表示得更加清晰，人们常常使用配有文字的插图。使用 SmartArt 图形功能，可以帮助用户在文档中轻松地绘制出列表、流程、循环以及层次结构等相关联的图形对象。插入 SmartArt 图形的具体操作步骤如下：

1. 单击快速访问工具栏中的"新建"按钮，新建 Word 文档，切换至"插入"选项卡，单击"插图"选项组中的 SmartArt 按钮，如图 4-21 所示。

2. 弹出"选择 SmartArt 图形"对话框，在左侧列表框中选择"关系"选项，在中间窗格中，选择所需的 SmartArt 图形样式，如图 4-22 所示。

图 4-21　单击 SmartArt 按钮

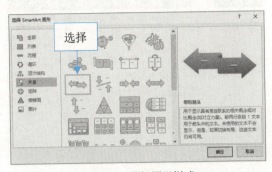

图 4-22　选择图形样式

3. 单击"确定"按钮，即可在文档中插入所选的 SmartArt 图形，如图 4-23 所示。

4. 在图形中的"文本"处输入所需文字内容，完成 SmartArt 图形的插入，如图 4-24 所示。

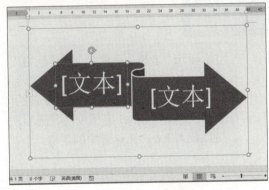

图 4-23　插入所选图形

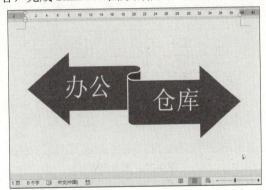

图 4-24　输入文本

4.2　应用表格和图表

在日常的工作中常常用到表格，如个人简历、成绩单以及各种报表等，表格能够给人以直观、严谨的感觉。Word 2016 具有强大的表格制作和编辑功能，不仅可以快速创建各种样式的表格，还可以对表格进行编辑、对表格的格式进行设置以及处理表格数据等。用户还可以在已有的表格数据上创建图表，通过图表表示表格中的数据，使叙述的内容更加形象，更具有说服力。

扫码观看本节视频

4.2.1　插入和编辑表格

表格是由许多行和列的单元格所组成的一个综合体。运用表格可以将各种复杂的信息简洁、明了地表达出来，并可以根据具体需要进行相应编辑。

1. 插入表格

在使用表格前，首先要插入表格。Word 2016 的表格以单元格为中心来组织信息，一张表是由多个单元格组成的。插入表格的具体操作步骤如下：

1. 单击快速访问工具栏中的"新建"按钮，新建文档，切换至"插入"选项卡，单击"表格"选项组中的"表格"按钮，在弹出的列表框中选择"插入表格"选项，如图 4-25 所示。

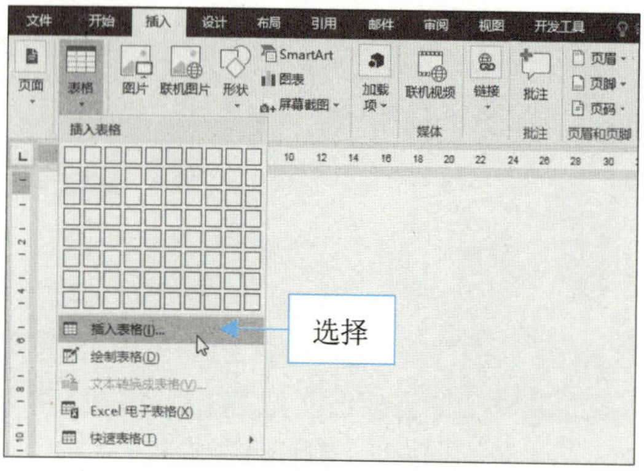

2. 弹出"插入表格"对话框，在"表格尺寸"选项区的"列数"文本框中输入 7，在"行数"文本框中输入 11，如图 4-26 所示。

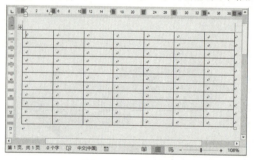

图 4-25　选择"插入表格"选项

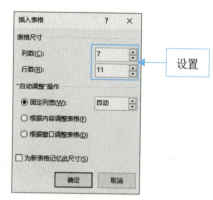

图 4-26　设置表格参数

3. 单击"确定"按钮，即可在文档中插入多行表格，如图 4-27 所示。

图 4-27　插入表格

知识链接

单击"表格"选项组中的"表格"按钮，在弹出的列表框中，选择"绘制表格"选项，可以创建一些复杂的表格；选择"Excel 电子表格"选项，可以插入 Excel 工作簿中的表格。

2. 编辑表格

创建完表格后，还需要在表格中添加文本，并根据具体需要，编辑相应表格单元格。编辑表格的具体操作步骤如下：

1. 单击快速访问工具栏中的"打开"按钮，打开一个 Word 文档，如图 4-28 所示。

2. 将光标定位在第 1 个单元格内，在其中输入"企业名称"文字，如图 4-29 所示。

图 4-28　打开 Word 文档

图 4-29　输入文本内容

3. 用与上述相同的方法，输入其他文本内容，效果如图 4-30 所示。

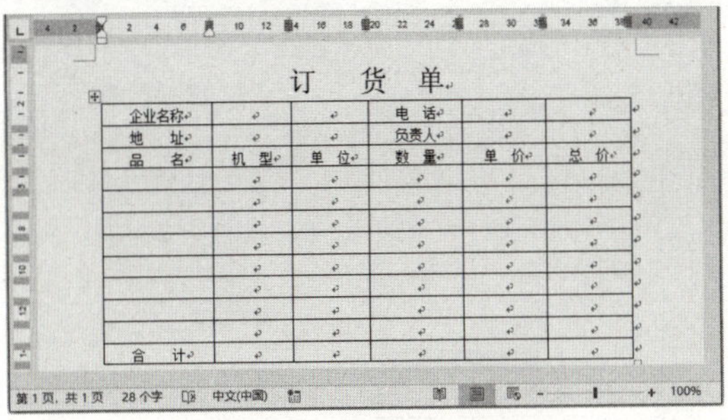

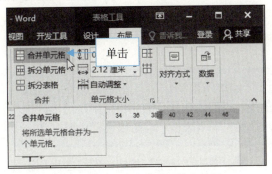

图 4-30 输入其他文本内容

4. 在表格中选择需要合并的单元格，如图 4-31 所示。

图 4-31 选择需要合并的单元格

5. 在"表格工具-布局"选项卡，单击"合并"选项组中的"合并单元格"按钮，如图 4-32 所示。

6. 即可合并所选单元格，用与上述相同的方法，合并其他单元格，如图 4-33 所示。

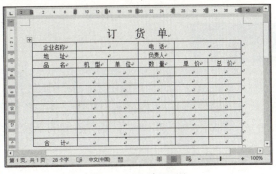

图 4-32 单击"合并单元格"按钮

图 4-33 合并单元格

4.2.2 设置表格格式

表格创建并编辑好后，为了让版式看起来更加美观，可以对表格的格式进行相应的设置，例如设置表格的边框和底纹等。设置表格格式的具体操作步骤如下：

1. 单击快速访问工具栏中的"打开"按钮，打开一个 Word 文档，如图 4-34 所示。

2. 在文档编辑区中，选择需要设置表格格式的单元格，如图 4-35 所示。

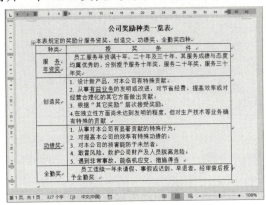

图 4-34 打开 Word 文档

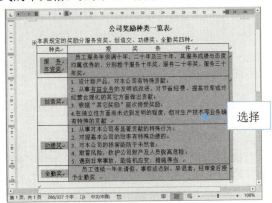

图 4-35 选择需要设置表格格式的单元格

3. 在"表格工具-设计"选项卡中，单击"边框"选项组的设置按钮，如图 4-36 所示。

4. 弹出"边框和底纹"对话框，在"边框"选项卡设置所需的边框样式、颜色和宽度，如图 4-37 所示。

电脑基础知识

系统常用操作

Word办公入门

Word图文排版

Excel表格制作

Excel数据管理

PPT演示制作

Office办公案例

办公辅助软件

电脑办公设备

电脑办公网络

电脑安全维护

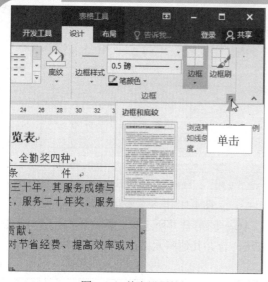

图 4-36　单击设置按钮

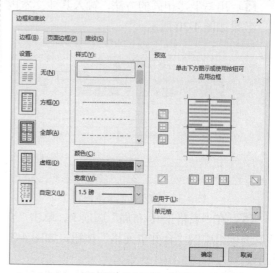

图 4-37　设置边框样式

知识链接

在"边框和底纹"对话框的"边框"选项卡中，在"样式"下拉列表框中，可以选择不同的边框样式；单击"颜色"右侧的下拉按钮，在弹出的列表框中，可以设置所需颜色；单击"宽度"右侧的下拉按钮，在弹出的列表框中，可以设置边框宽度。

5. 切换至"底纹"选项卡，设置所需的填充颜色，如图 4-38 所示。

6. 单击"确定"按钮，即可应用所设置的表格格式，如图 4-39 所示。

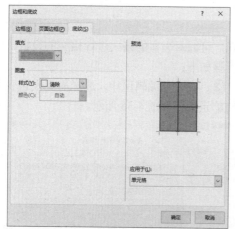

图 4-38　设置相应填充颜色

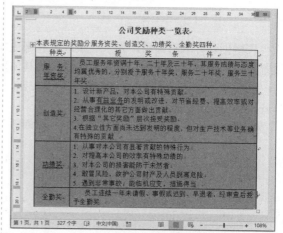

图 4-39　设置好的表格格式

专家提醒

除了运用上述方法弹出"边框和底纹"对话框外，用户还可以在选择单元格后，在"开始"选项卡的"段落"选项组中单击"边框"右侧的下拉按钮，在弹出的列表框中选择"边框和底纹"选项。

4.2.3 处理表格数据

Word 2016 提供了强大的计算功能，可以完成表格中数据的处理，同时还提供了数据排序功能，可以对表格中的文本进行相应排序。

1. 排序表格数据

排序是指在二维表中针对某列的特性（如文字的拼音或笔画、数字的大小等）对二维表中的数据进行重新组织顺序的一种方法。排序表格数据的具体操作步骤如下：

1. 单击快速访问工具栏中的"打开"按钮，打开一个 Word 文档，如图 4-40 所示。

2. 在表格中选择需要进行排序的表格内容，如图 4-41 所示。

图 4-40 打开 Word 文档

图 4-41 选择需要排序的表格内容

3. 在"开始"选项卡的"段落"选项组中，单击"排序"按钮，如图 4-42 所示。

4. 弹出"排序"对话框，设置"主要关键字"为"列 2""类型"为"数字"，选中"升序"单选按钮，如图 4-43 所示。

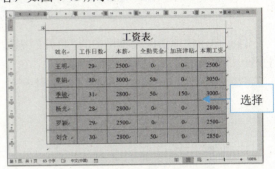

图 4-42 单击"排序"按钮

图 4-43 设置相应参数

5. 单击"确定"按钮，即可排序表格数据，如图 4-44 所示。

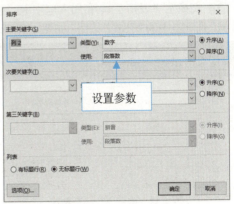

图 4-44 排序表格数据

专家提醒

除了运用上述方法弹出"排序"对话框外，用户还可以在工作表中选择需要进行排序的单元格后，切换至"表格工具-布局"选项卡，在"数据"选项组中单击"排序"按钮。

电脑基础知识

系统常用操作

Word 办公入门

Word 图文排版

Excel 表格制作

Excel 数据管理

PPT 演示制作

Office 办公案例

办公辅助软件

电脑办公设备

电脑办公网络

电脑安全维护

71

电脑基础知识

系统常用操作

Word办公入门

Word图文排版

Excel表格制作

Excel数据管理

PPT演示制作

Office办公案例

办公辅助软件

电脑办公设备

电脑办公网络

电脑安全维护

2. 计算表格数据

在日常应用中，大多数表格是为管理数据服务的，因此运算表格数据也是使用表格的一个重要内容。Word 2016 中的数据处理功能虽然没有 Excel 的那么强大，但也能完成简单的运算。计算表格数据的具体操作步骤如下：

知识链接

在 Word 2016 中，用户可以对表格中的数据进行多种运算，包括对数据进行求和、求平均值、求最大值和最小值等。输入不同的公式，即可进行不同的运算。

1. 单击快速访问工具栏中的"打开"按钮，打开一个 Word 文档，如图 4-45 所示。

图 4-45　打开 Word 文档

2. 将光标定位在需要计算结果的单元格内，如图 4-46 所示。

图 4-46　定位光标

3. 切换至"表格工具-布局"选项卡，单击"数据"选项组中的"公式"按钮，如图 4-47 所示。

图 4-47　单击"公式"按钮

4. 弹出"公式"对话框，在"公式"下方的文本框中将显示计算参数，如图 4-48 所示。

图 4-48　"公式"对话框

5. 单击"确定"按钮，即可计算表格数据，如图 4-49 所示。

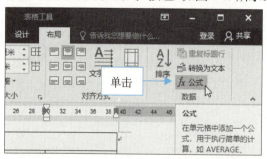

图 4-49　计算表格数据

6. 用与上述相同的方法，计算表格中的其他数据，如图 4-50 所示。

图 4-50　计算其他表格数据

电脑基础知识

系统常用操作

Word办公入门

Word图文排版

Excel表格制作

Excel数据管理

PPT演示制作

Office办公案例

办公辅助软件

电脑办公设备

电脑办公网络

电脑安全维护

专家提醒

对一组横排数据进行求和计算时，单击"公式"按钮，如果弹出的"公式"对话框中显示"=SUM（ABOVE）"，可以将 ABOVE 更改为 LEFT，以计算该行的数据总和。

4.2.4　插入图表类型

Word 2016 很方便地在已有表格的数据上导入图表，通过图表表示表格中的数据。在文档中添加相应的图表说明，将会使叙述的内容更加形象，更具有说服力。插入图表类型的具体操作步骤如下：

1. 单击快速访问工具栏中的"打开"按钮，打开一个 Word 文档，将光标定位在需要插入图表的位置，如图 4-51 所示。

2. 切换至"插入"选项卡，单击"插图"选项组中的"图表"按钮，如图 4-52 所示。

图 4-51　定位光标

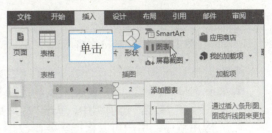

图 4-52　单击"图表"按钮

3. 弹出"插入图表"对话框，在左侧列表框中选择"柱形图"选项，在右侧的窗格中选择所需的图表样式，如图 4-53 所示。

4. 单击"确定"按钮，即可在 Word 文档中插入图表样式，如图 4-54 所示。

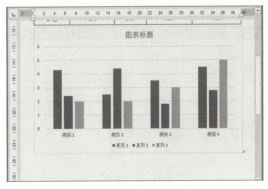

图 4-53　选择相应图表样式

图 4-54　插入图表样式

5. 同时系统会自动启动 Excel 2016 应用程序，其中显示了图表数据，如图 4-55 所示。

	A	B	C	D	E
1		系列 1	系列 2	系列 3	
2	类别 1	4.3	2.4	2	
3	类别 2	2.5	4.4	2	
4	类别 3	3.5	1.8	3	
5	类别 4	4.5	2.8	5	
6					

图 4-55　Excel 中的图表数据

知识链接

图表的主要元素是表格数据，因此首先要将数据输入到数据表中，只有将数据表的数据具体化，并且配合适当的图片示例，才能更好地将所要说明的例子表述清楚。

4.2.5 设置图表数据

在插入图表后，如果其中的数据需要修改，可以在 Excel 表格中对数据进行相应设置。设置图表数据的具体操作步骤如下：

1. 单击快速访问工具栏中的"打开"按钮，打开一个 Word 文档，如图 4-56 所示。

2. 在文档中选择需要修改数据的图表，切换至"图表工具-设计"选项卡，单击"数据"选项组中的"编辑数据"按钮，如图 4-57 所示。

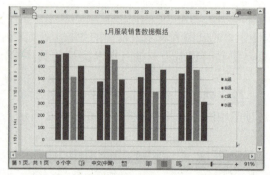

图 4-56　打开 Word 文档

图 4-57　单击"编辑数据"按钮

专 家 提 醒

在"数据"选项组中，单击"选择数据"按钮，系统将会自动启动 Excel 2016 应用程序，用户可以根据需要修改相应的数据，图表中的数据将随用户修改的数据而发生变化。

3. 系统自动启动 Excel 应用程序，在其中用户可以根据需要更改相应数据，并按【Enter】键确认，如图 4-58 所示。

4. 返回 Word 工作界面，在图表中显示相应的数据变化，即可完成图表数据的设置，如图 4-59 所示。

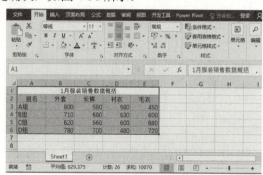

图 4-58　更改相应数据

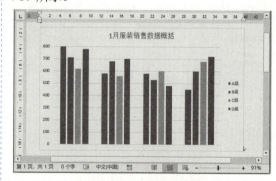

图 4-59　设置图表数据

4.3　使用样式和模板

一篇完整的文档通常具有标题、副标题、要点、正文和引用等几个部分内容，为了对其进行区分，往往需要设置不同的文本格式加以区别。在 Word 2016 中，用户可以直接选择需要的样式进行编写，同时还可以自行保存设置好的文本格式为样式。模板是设置好的各种文档版式，使用 Word 中的模板创建新文档，文档将包含模板中的各种格式及内容。

扫码观看本节视频

4.3.1　创建新样式

用户可以根据自己的习惯设置全新的样式，并将其显示在快速样式中，下次使用时就可以快速地应用相同的样式，提高工作效率。创建新样式的具体操作步骤如下：

1 单击快速访问工具栏中的"打开"按钮，打开一个 Word 文档，在文档中选择要创建新样式的文本，如图 4-60 所示。

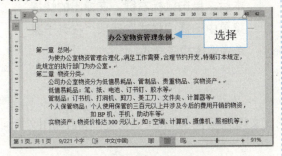

图 4-60　选择要创建样式的文本

3 弹出"根据格式设置创建新样式"对话框，在"名称"文本框中输入"新标题"，如图 4-62 所示。

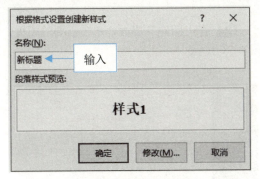

图 4-62　"根据格式设置创建新样式"对话框

2 在"开始"|"样式"选项组中，单击"其他"按钮，在弹出的"样式"列表框中，选择"创建样式"选项，如图 4-61 所示。

图 4-61　选择相应选项

4 单击"确定"按钮，即可创建新样式，在"样式"列表框中，将显示新创建的样式，如图 4-63 所示。

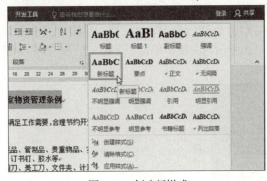

图 4-63　创建新样式

4.3.2　应用样式

在 Word 2016 中，用户可以快速地对所选择的文本应用样式，也可以将文本应用于新创建的样式，如此就省去了逐个设置文本文字和段落格式的操作，进一步提高工作效率。应用样式的具体操作步骤如下：

1 单击快速访问工具栏中的"打开"按钮，打开一个 Word 文档，在文档中选择要应用样式的文本，如图 4-64 所示。

图 4-64　选择要应用样式的文本

2 在"开始"|"样式"选项组中，单击"其他"按钮，在弹出的"样式"列表框中选择相应的样式，如图 4-65 所示。

图 4-65　选择相应样式

电脑基础知识

系统常用操作

Word办公入门

Word图文排版

Excel表格制作

Excel数据管理

PPT演示制作

Office办公案例

办公辅助软件

电脑办公设备

电脑办公网络

电脑安全维护

3 执行操作后，即可对所选文本应用选择的样式，如图 4-66 所示。

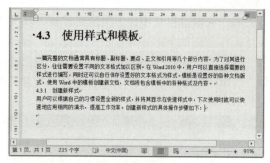

图 4-66 应用样式

专家提醒

除了运用上述方法应用样式外，用户还可以在选择需要应用样式的文本后，单击鼠标右键，在弹出的快捷菜单中选择"样式"选项，在其子菜单中选择相应样式。

4.3.3 创建新模板

任何 Word 文档都是以模板为基础的，模板决定文档的基本结构和文档设置，如自动图文集词条、字体、快捷键、菜单、页面设置和样式等。

模板包括共用模板和文档模板两种，共用模板包括 Normal 模板，所含设置适用于所有文档；文档模板所含设置仅适用于以该模板为基础的文档。处理文档时，通常情况下只能使用保存在文档附加模板或 Normal 模板中的设置。要使用保存在其他模板中的设置，需要将其模板作为共用模板加载。要创建模板，可以根据原有文档创建，也可以根据原有模板创建，创建新模板的具体操作步骤如下：

1 新建一个 Word 文档，单击"文件"菜单，在弹出的面板中单击"新建"选项，如图 4-67 所示。

2 在"新建"界面，单击需要的模板，如图 4-68 所示。

图 4-67 单击"新建"选项　　　　图 4-68 选择模板

3 此时即可创建一个相对应的模板文件，如图 4-69 所示。

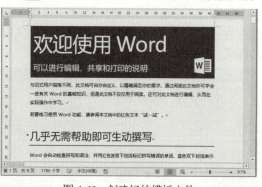

图 4-69 创建好的模板文件

专家提醒

除了运用上述方法创建模板外，用户还可以根据需要创建联机模板，在"新建"界面的搜索联机模板文本框中输入关键字，单击"搜索"按钮，在搜索列表框中单击需要的模板创建即可。

4.3.4 应用模板制作字帖

在 Word 2016 中，包括了很多实用的模板，如使用模板创建简历、使用模板制作书法字帖等。应用模板制作字帖的具体操作步骤如下：

1. 在 Word 2016 工作界面中，单击"文件"菜单，在弹出的面板中单击"新建"选项，在"新建"界面中，单击"书法字帖"按钮，如图 4-70 所示。

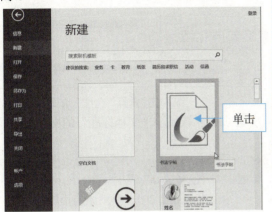

图 4-70 单击"书法字帖"按钮

3. 单击"添加"按钮，将其添加到"已用字符"选项区中，如图 4-72 所示。

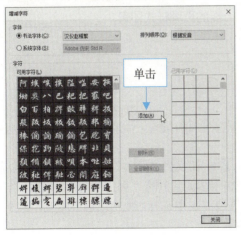

图 4-72 添加已用字符

2. 新建文档，弹出"增减字符"对话框，在"字体"选项区中，选中"书法字体"单选按钮，并选择相应字体，在"字符"选项区中，选择可用字符，如图 4-71 所示。

图 4-71 "增减字符"对话框

4. 单击"关闭"按钮，完成应用模板制作字帖，如图 4-73 所示。

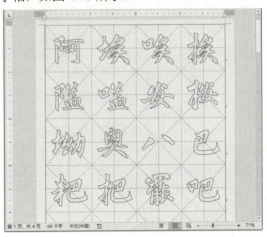

图 4-73 应用模板制作字帖

4.4 添加页眉、页脚和页码

在 Word 2016 中，为用户提供了多种样式的页眉和页脚，用户也可以自定义页眉和页脚，并为文档添加页码。

扫码观看本节视频

4.4.1 添加页眉

Word 2016 为用户提供了多种页眉的样式，用户可以在"页眉"下拉列表中选择喜欢的样式插入到文档中生成页眉。添加页眉的具体操作步骤如下：

电脑基础知识

系统常用操作

Word办公入门

Word 图文排版

Excel 表格制作

Excel 数据管理

PPT 演示制作

Office办公案例

办公辅助软件

电脑办公设备

电脑办公网络

电脑安全维护

1. 单击快速访问工具栏中的"打开"按钮，打开一个 Word 文档，如图 4-74 所示。

2. 切换到"插入"选项卡，单击"页眉和页脚"选项组中的"页眉"下拉按钮，在弹出的下拉列表中选择"花丝"选项，如图 4-75 所示。

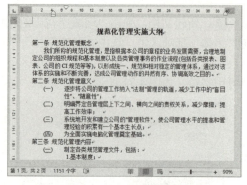

图 4-74 打开 Word 文档

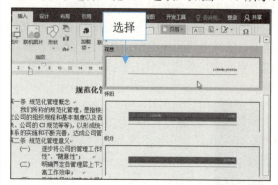

图 4-75 选择"花丝"选项

3. 此时可以看到在文档的顶端添加了页眉，并在页眉区域显示"文档标题"的文本提示框，如图 4-76 所示。

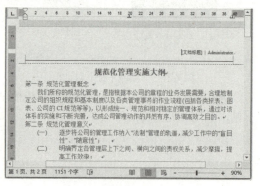

图 4-76 添加页眉

专家提醒

在 Word 2016 中，添加页脚的方法相似，在"插入"选项卡的"页眉和页脚"选项组中，单击"页脚"下拉按钮，在弹出的下拉列表中选择需要的页脚样式即可。

4.4.2 编辑页眉和页脚内容

在一个已经添加了页眉和页脚的文档中，如果要编辑页眉和页脚，需要先将页眉和页脚切换到编辑状态中。编辑页眉和页脚内容的具体操作步骤如下：

1. 单击快速访问工具栏中的"打开"按钮，打开一个 Word 文档，如图 4-77 所示。

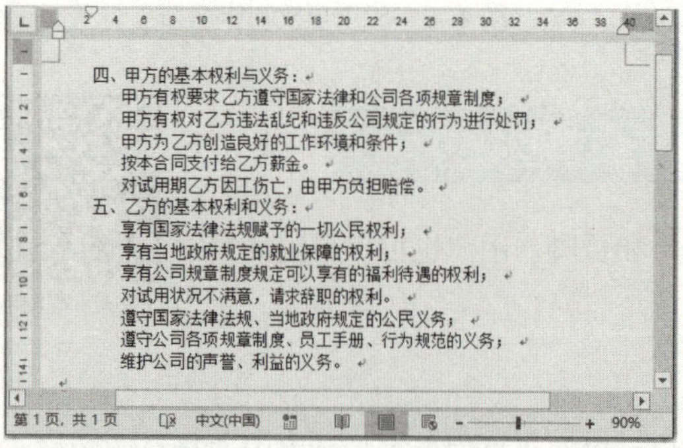

2. 切换到"插入"选项卡，单击"页眉和页脚"选项组中的"页眉"下拉按钮，在弹出的下拉列表中选择"编辑页眉"选项，如图 4-78 所示。

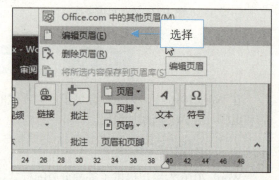

图 4-77 打开 Word 文档

图 4-78 选择"编辑页眉"选项

3. 此时页眉呈现编辑状态，在页眉的提示框中输入页眉的修改内容，如图 4-79 所示。

4. 按键盘上的向下方向键，切换至页脚区域，输入页脚的内容，此时就为文档添加修改了页眉和页脚，如图 4-80 所示。

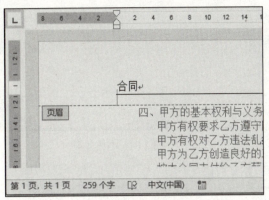

图 4-79　输入页眉内容

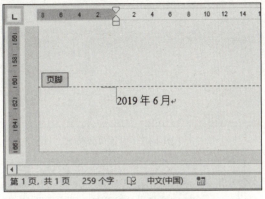

图 4-80　输入页脚内容

4.4.3　删除页眉分割线

在添加页眉时，经常会看到自动添加的分割线，在排版时，为了美观，有时需要将分割线删除。删除页眉分割线的具体操作步骤如下：

1. 双击页眉，进入页眉编辑状态。然后在"开始"选项卡"样式"选项组中单击"其他"按钮，在弹出的下拉列表中，选择"清除格式"选项，如图 4-81 所示。

2. 此时即可看到页眉中的分割线已经被删除，如图 4-82 所示。

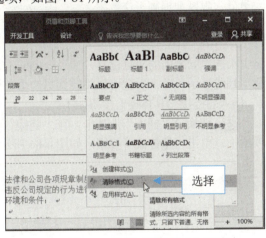

图 4-81　选择"清除格式"选项

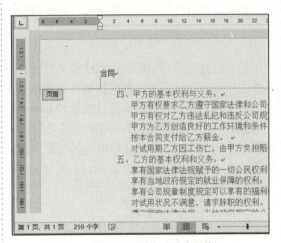

图 4-82　删除页眉分隔线

4.4.4　插入页码

页码是每一个页面上用于标明次序的数字，如果用户要查看文档的页数，就可以插入页码。插入页码的具体操作步骤如下：

1. 切换到"插入"选项卡，单击"页眉和页脚"选项组中的"页码"下拉按钮，在弹出的下拉列表中单击"页面底端"选项，在下级列表中选择页码的样式为"书的折角"选项，如图 4-83 所示。

2. 此时在页面底端添加了样式为书的折角页码，并显示数字"1"，如图 4-84 所示。

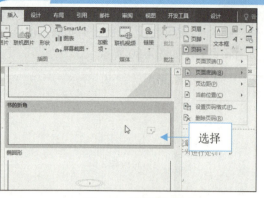

图 4-83　设置页码样式

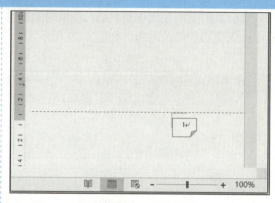

图 4-84　添加页码

专 家 提 醒

在"插入"选项卡"页眉页脚"选项组中，单击"页码"下拉按钮，选择"设置页码格式"选项，弹出"页码格式"对话框，可以设置编号格式、起始页码等内容。

4.5　Word 2016 网络应用

随着网络技术的快速发展，Office 办公软件在网络中的应用也越来越完善。在使用 Word 2016 时，常常需要使用网络方面的功能，如插入超链接、发送电子邮件等，因此，掌握这些功能的使用方法，可以使办公人员最大限度地提高工作效率。

扫码观看本节视频

4.5.1　插入超链接

超链接就是将不同的应用程序或文档，甚至网络中不同电脑之间的数据信息，通过一定的方式链接在一起。在文档中，超链接通常以蓝色并加蓝色下划线显示，单击后就可以跳转到另一个文档或当前文档的其他位置，也可以跳转到 Internet 网页。插入超链接的具体操作步骤如下：

1. 单击快速访问工具栏中的"打开"按钮，打开一个 Word 文档，在文档中选择要插入超链接的文本，如图 4-85 所示。

2. 切换至"插入"选项卡，在"链接"选项组中，单击"超链接"按钮，如图 4-86 所示。

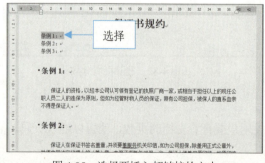

图 4-85　选择要插入超链接的文本

图 4-86　单击"超链接"按钮

3. 弹出"插入超链接"对话框，在"链接到"选项区中选择"本文档中的位置"选项，在"请选择文档中的位置"选项区中，选择"条例1"选项，如图 4-87 所示。

4. 单击"确定"按钮，此时插入超链接的文本内容将以蓝色并加蓝色下划线显示，效果如图 4-88 所示。

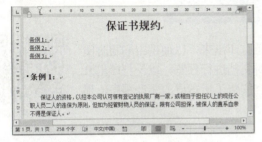

图 4-87　选择"条例 1"选项

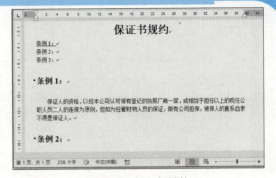

图 4-88　插入超链接

5 用与上述相同的方法，插入其他超链接，如图 4-89 所示。

6 按住【Ctrl】键，并单击"条例 2"超链接，即可链接到条例 2，如图 4-90 所示。

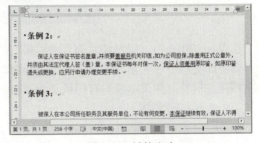

图 4-89　插入其他超链接

图 4-90　链接文本

知识链接

在"插入超链接"对话框中，用户还可以在"链接到"选项区中选择其它需要链接的类型，然后在相应的选项区中进行设置。超链接的目标文档或文件可以是位于本机的硬盘、本单位网络或 Internet 上。

4.5.2　发送电子邮件

在 Word 2016 中，用户还可以将文档以电子邮件的格式进行发送。发送电子邮件的具体操作步骤如下：

1 单击快速访问工具栏中的"打开"按钮，打开一个 Word 文档，如图 4-91 所示。

2 单击"文件"菜单，在弹出的面板中单击"共享"选项，如图 4-92 所示。

图 4-91　打开 Word 文档

图 4-92　单击"共享"选项

3 在"共享"界面的"电子邮件"选项区中，单击"作为附件发送"按钮，如图 4-93 所示。

4 打开相关的窗口，在其中输入收件人相关信息，完成作为电子邮件发送的设置，如图 4-94 所示，单击"发送"按钮即可发送。

电脑基础知识

系统常用操作

Word办公入门

Word 图文排版

Excel 表格制作

Excel 数据管理

PPT 演示制作

Office办公案例

办公辅助软件

电脑办公设备

电脑办公网络

电脑安全维护

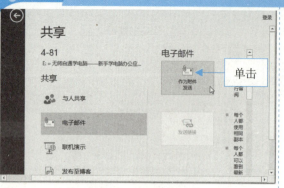

图4-93　单击"作为附件发送"按钮

图4-94　设置发送邮件信息

4.6　打印 Word 文档

在 Word 2016 中，用户经常需要将编辑好的文档打印出来，以便携带和随时阅读。要打印文档，首先需要对打印机进行设置以及对文档进行预览，以使打印出来的文档更加精美。如果电脑与打印机正常连接，并且安装了所需要的驱动程序，那么就可以直接打印文档。

扫码观看本节视频

4.6.1　快速预览打印效果

Word 2016 提供打印预览功能，用户可以通过该功能查看文档打印后的实际效果，如页面设置、分页符效果等。如果不满意可以及时调整，避免打印后不能使用而浪费纸张。快速预览打印效果的具体操作步骤如下：

1. 单击快速访问工具栏中的"打开"按钮，打开一个 Word 文档，如图4-95所示。

2. 单击"文件"菜单，在弹出的面板中单击"打印"选项，如图4-96所示。

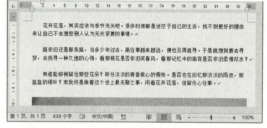

图4-95　打开 Word 文档

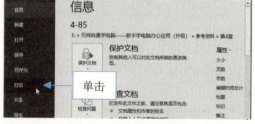

图4-96　单击"打印"选项

3. 在"打印"界面的右侧窗格中即可快速预览打印效果，如图4-97所示。

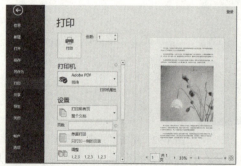

图4-97　快速预览打印效果

专家提醒

在 Word 2016 中，打印预览功能不但能使用户在打印前查看打印效果，还能在预览时对文档进行相应调整和编辑，如设置页边距、打印方向和打印纸张等，而不必切换到相应的视图状态。

4.6.2　打印 Word 文档

在进行相应的打印设置，并预览打印效果后，即可进行文档打印。打印文档有多种方式，如打印整篇文档、打印指定的文档、同时也可以打印多份文档以及双面打印等。打印 Word 文档的具体操作步骤如下：

1 单击快速访问工具栏中的"打开"按钮，打开一个 Word 文档，如图 4-98 所示。

2 按【Ctrl+P】组合键，弹出"打印"界面，在中间窗格中单击"打印"按钮，如图 4-99 所示。

图 4-98　打开 Word 文档

图 4-99　单击"打印"按钮

3 执行操作后，即可打印文档内容。

知识链接

此外，用户还可以通过相应设置，进行快速打印多份文档、打印文档中的一部分和手动双面打印等操作，完成多种打印。

电脑基础知识

系统常用操作

Word办公入门

Word图文排版

Excel表格制作

Excel数据管理

PPT演示制作

Office办公案例

办公辅助软件

电脑办公设备

电脑办公网络

电脑安全维护

第5章　Excel 2016 表格制作

Excel 2016 是微软公司 Office 2016 系列办公软件中的重要组件之一，它不仅具有强大的组织、分析和统计数据的功能，还可以使用透视表和图表等多种形式显示处理结果，方便与 Office 2016 的其他组件相互调用。

5.1　Excel 2016 工作界面

Excel 2016 的工作界面主要由标题栏、选项卡、功能区、表格编辑区、名称框、编辑栏、状态栏和快速访问工具栏等部分组成，如图 5-1 所示。

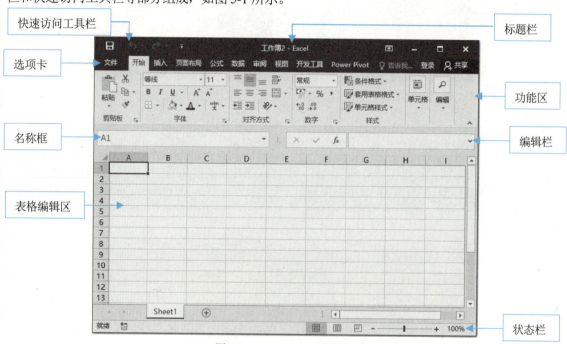

图 5-1　Excel 2016 工作界面

5.1.1　标题栏

标题栏位于窗口的最上方，显示窗口名称和当前正在编辑的文档名称，在其右侧有"功能区显示选项""最小化""最大化/向下还原"和"关闭"4 个按钮，如图 5-2 所示。

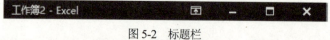

图 5-2　标题栏

5.1.2　选项卡

选项卡位于标题栏的下方，默认情况下，由"文件""开始""插入""页面布局""公式""数据""审阅""视图""开发工具"和"Power Pivot"组成，如图 5-3 所示。

| 文件 | 开始 | 插入 | 页面布局 | 公式 | 数据 | 审阅 | 视图 | 开发工具 | Power Pivot |

图 5-3　选项卡

5.1.3　功能区

功能区可帮助用户快速找到完成某一任务所需的命令。功能区与选项卡是相互对应的关系，在选项卡中单击某选项，即可显示相应的面板，图 5-4 所示为"开始"选项卡下的功能区。

图 5-4　功能区

5.1.4　表格编辑区

表格编辑区是窗口中最大的一块区域，主要用于编辑或显示工作表内容的，其中包括行号、列标、工作表标签和滚动条，如图 5-5 所示。

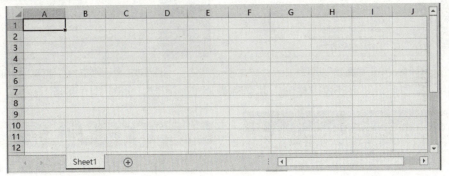

图 5-5　表格编辑区

5.1.5　名称框和编辑栏

名称框用于显示所选单元格的名称，当用户选择某一个单元格后，即可在名称框显示出该单元格的列标和行号。编辑栏用于显示当前活动单元格的内容或正在编辑的单元格内容，如图 5-6 所示。

图 5-6　名称框和编辑栏

5.1.6　快速访问工具栏

快速访问工具栏位于窗口左上角，主要用于显示一些常用的操作按钮，在默认情况下，快速访问工具栏上的按钮只有"保存"按钮、"撤销键入"按钮、"恢复"按钮和"自定义快速访问工具栏"按钮，如图 5-7 所示。

图 5-7　快速访问工具栏

5.2　Excel 2016 基本操作

在 Excel 2016 中，工作簿是计算和存储数据的文件，一个工作簿可以包含多张工作表，因此，用户可以在一个工作簿文件中管理各种类型的相关信息。当然，在管理工作簿文件时，用户必须掌握工作簿的基本操作，包括新建、打开和保存等操作。

扫码观看本节视频

85

5.2.1　新建工作簿

启动 Excel 2016 时，系统将自动生成一个新的工作簿，其文件名为"工作簿 1"，用户可以根据需要，创建新的工作簿，新建工作簿的具体操作步骤如下：

1. 启动 Excel 2016 应用程序，单击"文件"菜单，在弹出的面板中单击"新建"选项，如图 5-8 所示。

2. 在"新建"界面的中间窗格中，单击"空白工作簿"按钮，如图 5-9 所示。

图 5-8　单击"新建"选项

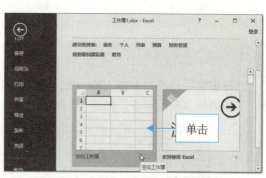

图 5-9　单击"空白工作簿"按钮

3. 执行操作后，即可新建工作簿，其名称为"工作簿 2"，如图 5-10 所示。

图 5-10　新建工作簿

专家提醒

除了运用上述方法新建工作簿外，还有以下两种方法：

❀ 按【Ctrl＋N】组合键。

❀ 单击快速访问工具栏中的"新建"按钮。

5.2.2　打开工作簿

如果用户要编辑和使用 Excel 工作簿，首先需要打开工作簿。打开 Excel 2016 工作簿的方法和打开其他文档的方法类似，打开工作簿的具体操作步骤如下：

1. 在 Excel 2016 工作界面中，单击"文件"菜单，在弹出的面板中单击"打开"选项，如图 5-11 所示。

2. 弹出"打开"界面，在中间窗格中单击"浏览"按钮，如图 5-12 所示。

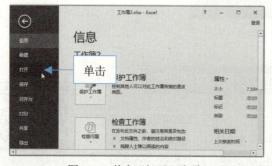

图 5-11　单击"打开"选项

图 5-12　单击"浏览"按钮

电脑基础知识

系统常用操作

Word 办公入门

Word 图文排版

Excel 表格制作

Excel 数据管理

PPT 演示制作

Office 办公案例

办公辅助软件

电脑办公设备

电脑办公网络

电脑安全维护

③ 弹出"打开"对话框，在列表中选择需要打开的 Excel 工作簿，如图 5-13 所示。

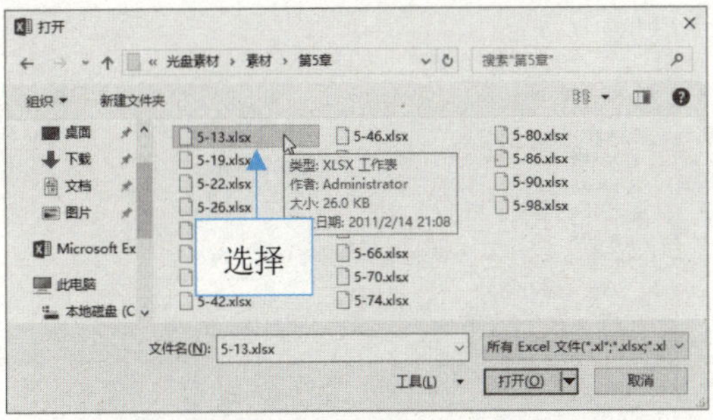

④ 单击"打开"按钮，即可打开所选的 Excel 工作簿，如图 5-14 所示。

图 5-13　选择要打开的 Excel 工作簿

图 5-14　打开工作簿

专家提醒

除了运用上述方法打开 Excel 工作簿外，还有以下三种方法：
- 按【Ctrl＋O】组合键。
- 单击快速访问工具栏中的"打开"按钮。
- 依次按键盘上的【Alt】、【F】和【O】键。

5.2.3　保存工作簿

制作好工作簿后，应对其进行保存，以备日后使用。在编辑工作簿时，为了避免工作成果的丢失，用户应养成及时保存的良好习惯，每隔一段时间存盘一次，这样能在突然死机或停电时把损失降到最小。保存工作簿的具体操作步骤如下：

① 单击快速访问工具栏上的"新建"按钮，新建工作簿，并输入数据，如图 5-15 所示。

② 单击"文件"菜单，在弹出的面板中单击"保存"选项，如图 5-16 所示。

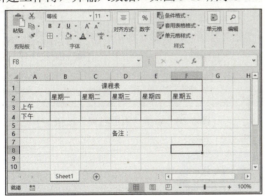

图 5-15　输入数据

图 5-16　单击"保存"选项

知识链接

在 Excel 2016 中，如果工作簿之前已经被保存过，当再次进行保存时，将自动在上次保存的基础上继续保存该工作簿。

③ 打开"另存为"界面，在中间窗格中单

④ 弹出"另存为"对话框，设置工作簿的

击"浏览"按钮，如图 5-17 所示。

保存路径和文件名，单击"保存"按钮，如图 5-18 所示，即可保存 Excel 工作簿。

图 5-17　单击"浏览"按钮

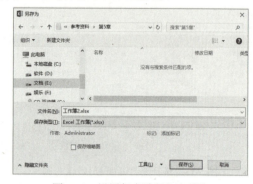

图 5-18　设置保存路径和文件名

5.3　管理工作簿和工作表

扫码观看本节视频

在创建工作簿后，用户还可以根据需要管理工作簿和工作表，包括切换工作簿视图、保护工作簿、共享工作簿、添加工作表、隐藏工作表和保护工作表等。

5.3.1　切换工作簿视图

在使用 Excel 编辑工作表内容时，有时需要对当前视图进行切换。Excel 2016 提供了多种视图方式，如普通视图、页面布局视图和分页预览视图等。切换工作簿视图的具体操作步骤如下：

1. 单击快速访问工具栏中的"打开"按钮，打开一个 Excel 工作簿，如图 5-19 所示。

2. 切换至"视图"选项卡，单击"工作簿视图"选项组中的"页面布局"按钮，如图 5-20 所示。

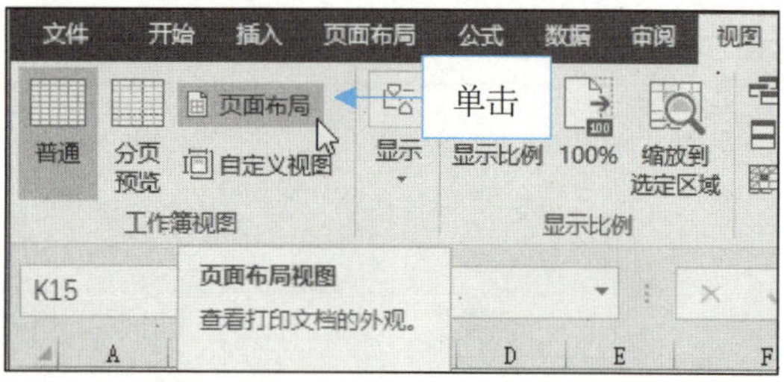

图 5-19　打开工作簿

图 5-20　单击"页面布局"按钮

3. 执行操作后，即可切换至页面布局视图，如图 5-21 所示。

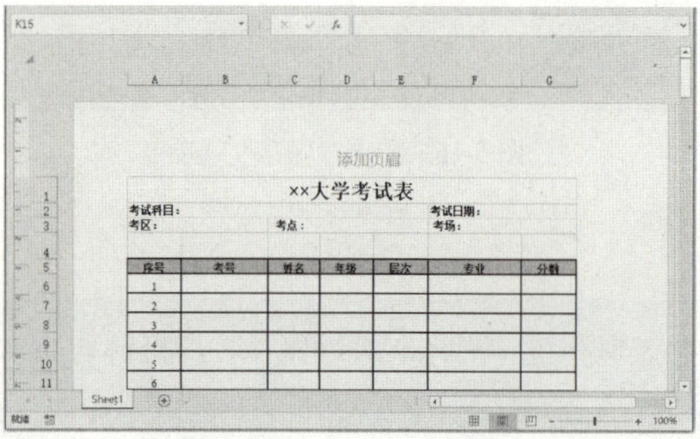

图 5-21　切换工作簿视图

知识链接

各视图方式的不同含义：

✿　页面布局视图：在该视图可以查看文档的起始和结束位置。

✿　分页预览视图：在该视图中可以查看文档打印时的分页效果。

✿　自定义视图：将当前显示模式保存为将来可以快速应用的视图。

5.3.2　保护工作簿

如果用户创建的工作簿比较重要，不想被其他用户查看或修改其中的数据时，可以为工作簿设置密码，保护工作簿。保护工作簿的具体操作步骤如下：

1. 单击快速访问工具栏中的"打开"按钮，打开一个 Excel 工作簿，如图 5-22 所示。

2. 切换至"审阅"选项卡，单击"更改"选项组的"保护工作簿"按钮，如图 5-23 所示。

图 5-22　打开工作簿

图 5-23　单击"保护工作簿"按钮

3. 弹出"保护结构和窗口"对话框，在"密码（可选）"文本框中输入密码，如图 5-24 所示。

4. 单击"确定"按钮，弹出"确认密码"对话框，再次输入密码，如图 5-25 所示。

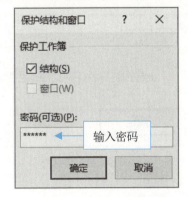

图 5-24　设置密码

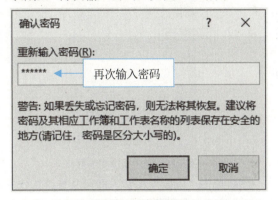

图 5-25　确认密码

5. 单击"确定"按钮，即可保护工作簿。

> **专家提醒**
>
> 在"保护结构和窗口"对话框中，选中"结构"复选框，可以防止修改工作簿的结构；选中"窗口"复选框，可以防止修改工作簿的窗口，窗口控制按钮变为隐藏。

5.3.3　共享工作簿

共享工作簿允许多人同时进行编辑，这对管理更改频繁的表格而言，特别有用。例如，如果工作组中的成员每人都要处理多个项目并需要知道相互的工作状态时，那么工作组的成员应该可以共享该工作簿，其中每个成员都可以在其中查看和更新信息。设置共享工作簿的操作步骤如下：

1. 单击快速访问工具栏中的"打开"按钮，打开一个 Excel 工作簿，如图 5-26 所示。

2. 切换至"审阅"选项卡，单击"更改"选项组的"共享工作簿"按钮，如图 5-27 所示。

电脑基础知识

系统常用操作

Word办公入门

Word图文排版

Excel表格制作

Excel数据管理

PPT演示制作

Office办公案例

办公辅助软件

电脑办公设备

电脑办公网络

电脑安全维护

图 5-26　打开工作簿

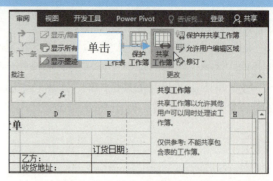

图 5-27　单击"共享工作簿"按钮

3 弹出"共享工作簿"对话框，在"编辑"选项卡中，选中"允许多用户同时编辑，同时允许工作簿合并"复选框，如图 5-28 所示。

4 单击"确定"按钮，弹出提示信息框，提示用户是否继续，如图 5-29 所示。

图 5-28　选中相应复选框

图 5-29　提示信息框

5 单击"确定"按钮，即可共享该工作簿，如图 5-30 所示。

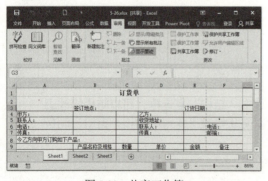

图 5-30　共享工作簿

知识链接

　　在创建了共享工作簿后，能够访问网络共享资源的所有用户都可以访问共享工作簿。允许网络上的多位用户同时查看和修改工作簿，每位保存工作簿的用户可以看到其他用户所作的修改。

5.3.4　添加工作表

　　如果工作簿中的工作表数量不够，用户可以在工作簿中添加工作表，不仅可以插入空白的工作表，还可以根据模板插入带有样式的新工作表。添加工作表的具体操作步骤如下：

1 单击快速访问工具栏中的"打开"按钮，打开一个 Excel 工作簿，如图 5-31 所示。

2 在"开始"|"单元格"选项组中，单击"插入"右侧的下拉按钮，在弹出的列表框中选择"插入工作表"选项，如图 5-32 所示。

图 5-31　打开工作簿　　　　　　　　　　图 5-32　选择"插入工作表"选项

3 执行上述操作后，即可添加工作表，其名称为 Sheet4，如图 5-33 所示。

图 5-33　添加工作表

专家提醒

除了运用上述方法添加工作表外，用户还可以在相应工作表的名称上单击鼠标右键，在弹出的快捷菜单中选择"插入"选项，弹出"插入"对话框，在"常用"选项区中单击"工作表"按钮。

5.3.5　复制工作表

Excel 2016 中的工作表并不是固定不变的，有时为了工作需要可以对工作表进行复制操作，以提高工作效率。复制工作表的具体操作步骤如下：

1 单击快速访问工具栏中的"打开"按钮，打开一个 Excel 工作簿，如图 5-34 所示。

2 在需要复制的工作表标签上，单击鼠标右键，在弹出的快捷菜单中选择"移动或复制"选项，如图 5-35 所示。

图 5-34　打开工作簿

图 5-35　选择"移动或复制"选项

专家提醒

除了运用上述方法复制工作表外，用户还可以按住【Ctrl】键的同时，选择需要复制的工作表，按住鼠标左键并向左或向右拖曳，至合适位置后释放鼠标实现复制。

3 弹出"移动或复制工作表"对话框，选中"建立副本"复选框，如图 5-36 所示。

4 单击"确定"按钮，即可复制工作表，如图 5-37 所示。

电脑基础知识

系统常用操作

Word办公入门

Word图文排版

Excel表格制作

Excel数据管理

PPT演示制作

Office办公案例

办公辅助软件

电脑办公设备

电脑办公网络

电脑安全维护

电脑基础知识

系统常用操作

Word办公入门

Word图文排版

Excel表格制作

Excel数据管理

PPT演示制作

Office办公案例

办公辅助软件

电脑办公设备

电脑办公网络

电脑安全维护

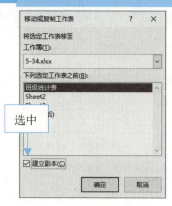

图 5-36　选中"建立副本"复选框

图 5-37　复制工作表

5.3.6　保护工作表

如果多个用户共用一台计算机，可以对工作表进行权限设置，避免其他用户访问和修改工作表。保护工作表的具体操作步骤如下：

1 单击快速访问工具栏中的"打开"按钮，打开一个 Excel 工作簿，如图 5-38 所示。

图 5-38　打开工作簿

3 弹出"保护工作表"对话框，在"取消工作表保护时使用的密码"文本框中，输入密码，如图 5-40 所示。

图 5-39　单击"保护工作表"按钮

2 切换至"审阅"选项卡，单击"更改"选项组的"保护工作表"按钮，如图 5-39 所示。

4 单击"确定"按钮，弹出"确认密码"对话框，在"重新输入密码"文本框中，再次输入密码，如图 5-41 所示。

图 5-40　输入密码

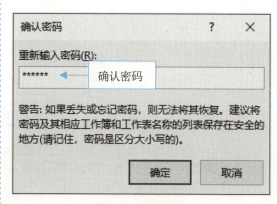

图 5-41　确认密码

5 单击"确定"按钮，完成保护工作表的设置。

专家提醒

除了运用上述方法保护工作表外，用户还可以在相应工作表的名称上单击鼠标右键，在弹出的快捷菜单中，选择"保护工作表"选项。

5.4　输入与编辑数据

使用 Excel 2016 创建表格时，不仅要掌握它的基本操作，还要掌握输入与编辑数据的方法，以更好地应用表格进行相应操作，包括输入表格数据、设置数据格式、自动填充数据、排序表格数据以及计算表格数据等。

扫码观看本节视频

5.4.1　输入表格数据

在 Excel 2016 中，输入的数据通常是指字符或者任何数字和字符的组合，输入到单元格内的任何字符串，只要不被系统解释为数字、公式、日期或者逻辑值，都将其视为文本数据，输入表格数据的具体操作步骤如下：

1 单击快速访问工具栏中的"打开"按钮，打开一个 Excel 工作簿，如图 5-42 所示。

2 在工作表中选择需要输入数据的单元格，如图 5-43 所示。

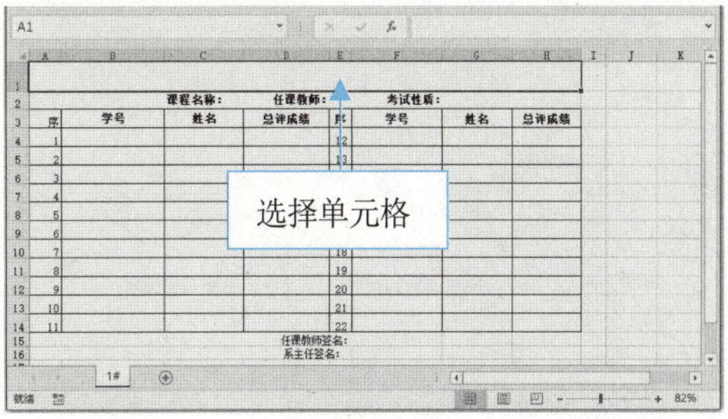

图 5-42　打开工作簿

图 5-43　选择需要输入数据的单元格

3 在其中输入所需的文字内容，如图 5-44 所示。

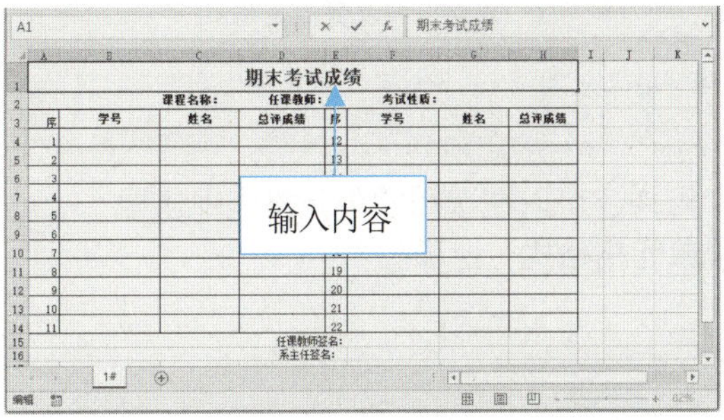

4 输入完成后，按【Enter】键确认，即可确认输入的表格数据，如图 5-45 所示。

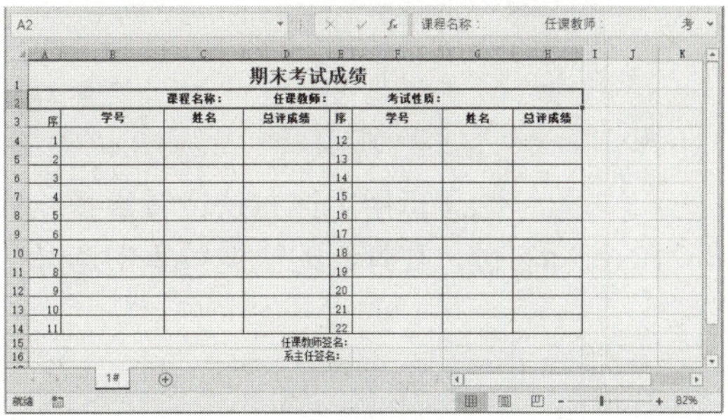

图 5-44　输入内容

图 5-45　输入表格数据

专家提醒

在 Excel 2016 中，系统默认的对齐方式根据数据类型的不同有多种方式，用户可以根据需要，进行相应设置。

5.4.2　设置数据格式

在 Excel 2016 中，用户可以将某些数据内容的格式设置为数值格式，使其显示小数位数或其他格式，以更好地显示在工作表中，设置数据格式的具体操作步骤如下：

1. 单击快速访问工具栏中的"打开"按钮，打开一个 Excel 工作簿，并选择需要设置数据格式的单元格区域，如图 5-46 所示。

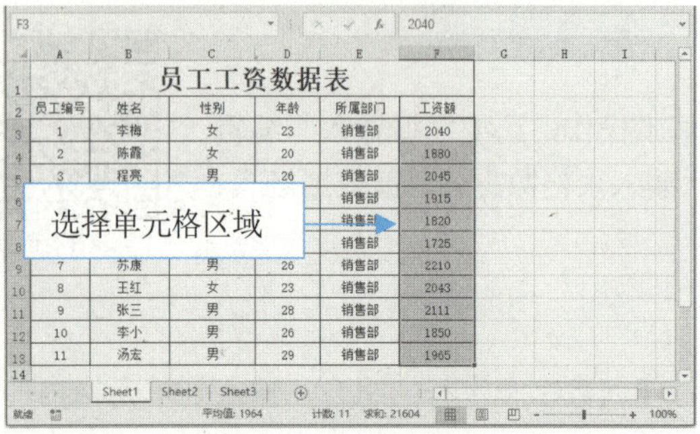

2. 在"开始"|"单元格"选项组中，单击"格式"下拉按钮，在弹出的列表框中选择"设置单元格格式"选项，如图 5-47 所示。

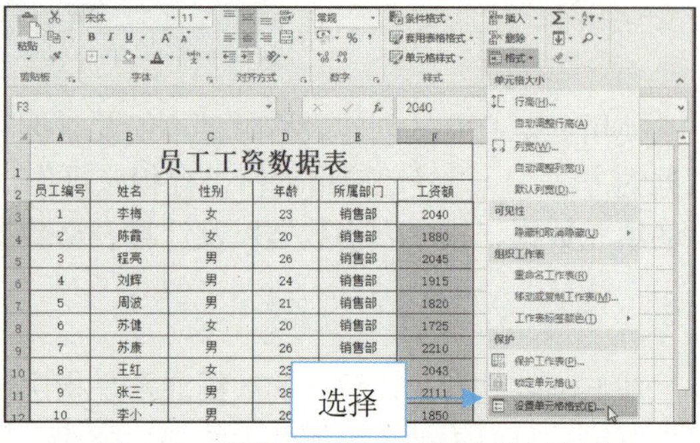

图 5-46　选择需要设置数据格式的单元格区域

图 5-47　选择"设置单元格格式"选项

3. 弹出"设置单元格格式"对话框，在"数字"选项卡的"分类"列表框中，选择"货币"选项，在右侧选择所需样式，如图 5-48 所示。

4. 设置完成后，单击"确定"按钮，完成数据格式的设置，如图 5-49 所示。

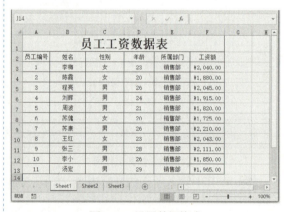

图 5-48　"设置单元格格式"对话框

图 5-49　设置数据格式

专 家 提 醒

除了运用上述方法设置数据格式外，用户还可以在选择的单元格上单击鼠标右键，在弹出的快捷菜单中选择"设置单元格格式"选项。

5.4.3　自动填充数据

在制作表格时，常常需要输入一些相同或者有规律的数据，如果手动输入这些数据会占用很多时间，还容易出错。使用 Excel 2016 的数据自动填充功能则可以避免这些问题，大大提高工作效率。自动填充数据的具体操作步骤如下：

1. 单击快速访问工具栏中的"打开"按钮，打开一个 Excel 工作簿，如图 5-50 所示。

2. 在工作表中选择需要填充数据的源单元格，将鼠标移至单元格右下角，此时鼠标指针呈"十"字形状 **✚**，如图 5-51 所示。

电脑基础知识

系统常用操作

Word办公入门

Word图文排版

Excel表格制作

Excel数据管理

PPT演示制作

Office办公案例

办公辅助软件

电脑办公设备

电脑办公网络

电脑安全维护

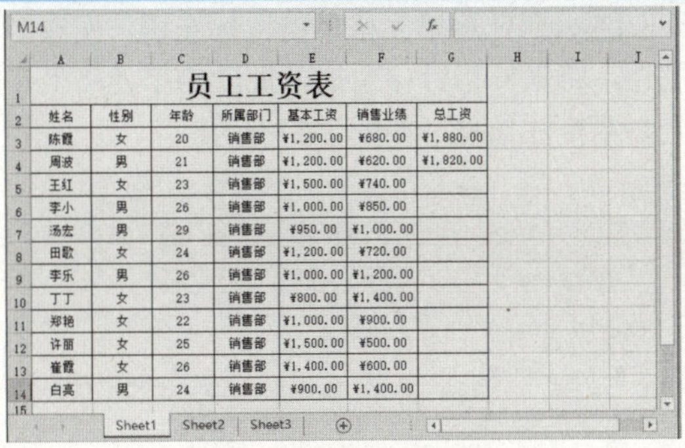

图 5-50　打开工作簿

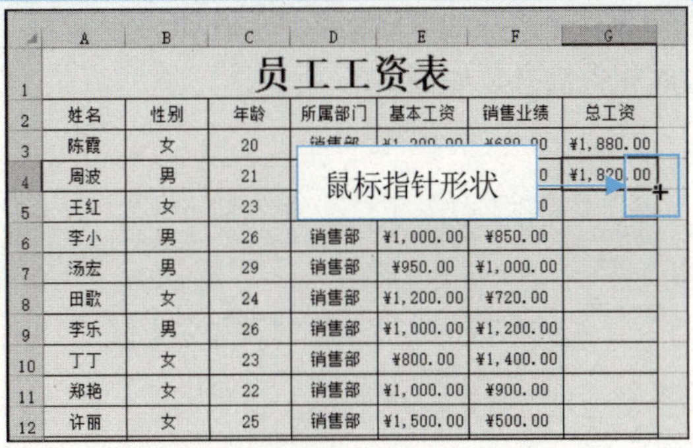

③ 按住鼠标左键并向下拖曳，此时表格边框呈选中状态，如图 5-52 所示。

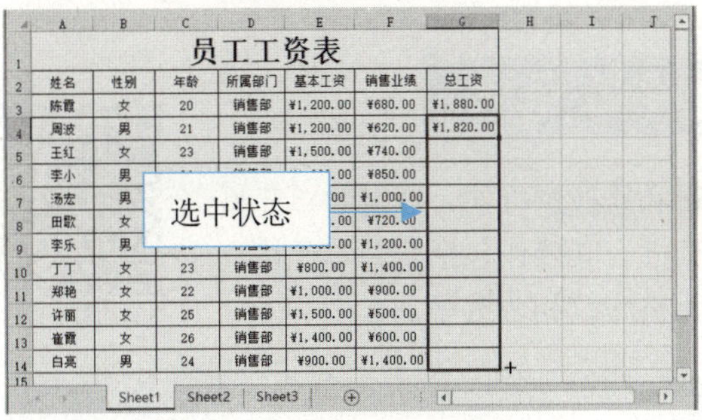

图 5-52　表格边框呈选中状态

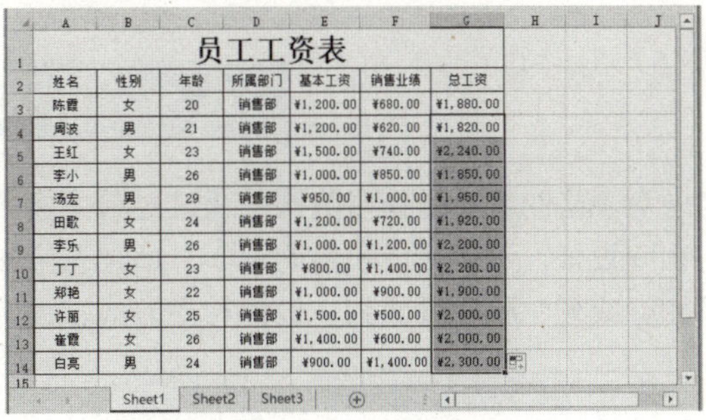

图 5-51　鼠标指针呈"十"字形状

④ 至合适位置后，释放鼠标左键，即可自动填充数据，如图 5-53 所示。

图 5-53　自动填充数据

知识链接

　　当连续几个单元格需要输入相同内容时，也可以选择一个单元格输入内容，然后运用自动填充的方法，快速输入其他单元格中的相同内容。

5.4.4　设置表格批注

　　批注是附加在单元格中的一种注释信息，批注是十分有用的提醒方式，用户在编辑工作表内容时，为一些比较复杂或容易出错的单元格内容插入批注信息，可以为用户提供信息反馈。设置表格批注的具体操作步骤如下：

① 单击快速访问工具栏中的"打开"按钮，打开一个 Excel 工作簿，选择需要设置批注的单元格，如图 5-54 所示。

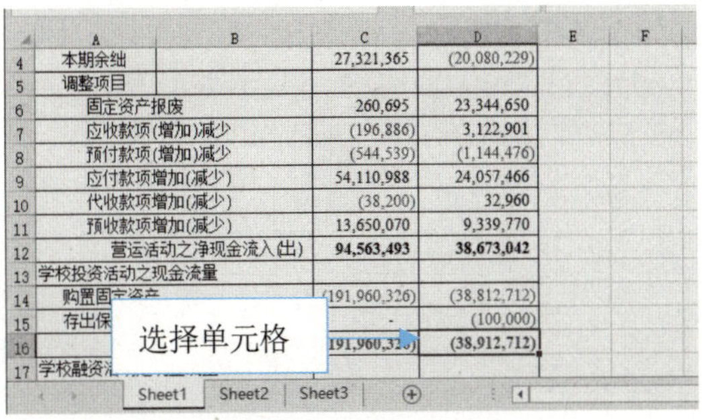

图 5-54　选择需要设置批注的单元格

② 切换至"审阅"选项卡，单击"批注"选项组中的"新建批注"按钮，如图 5-55 所示。

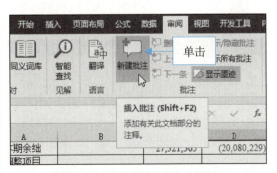

图 5-55　单击"新建批注"按钮

3. 在选择的单元格旁边弹出批注信息框，输入相关信息，如图 5-56 所示。

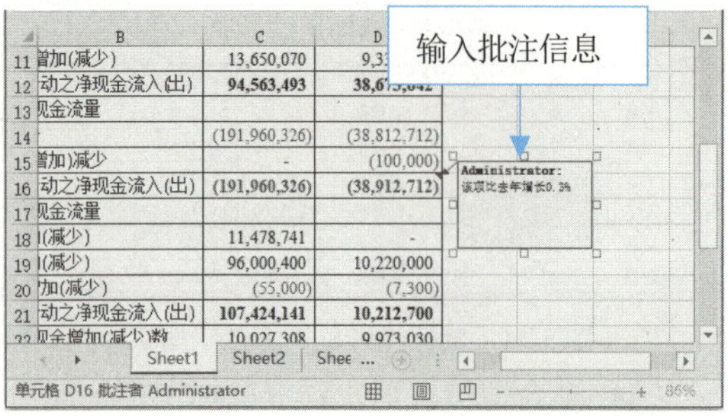

4. 在任意单元格单击鼠标左键，完成添加批注，将鼠标指针移至插入批注的单元格上，即会显示批注信息，如图 5-57 所示。

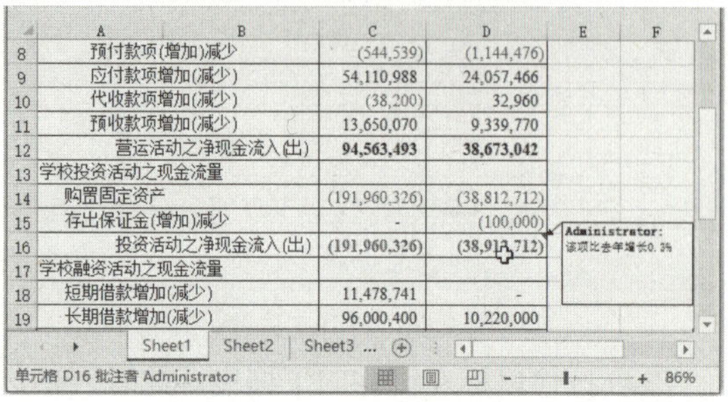

图 5-56　输入批注信息

图 5-57　显示表格批注信息

5.5　设置表格单元格

扫码观看本节视频

对表格的编辑操作多数都是通过对单元格的编辑和修改进行的，通过对单元格的相应设置，可以完成表格的制作，增强表格的可读性。其操作包括合并单元格、添加行或列、删除行或列、设置对齐方式、设置单元格底纹和边框等。

5.5.1　合并单元格

在 Excel 中制作表格时，可以将多个单元格合成一个单元格，以便满足表格的要求。合并单元格的具体操作步骤如下：

1. 单击快速访问工具栏中的"打开"按钮，打开一个 Excel 工作簿，如图 5-58 所示。

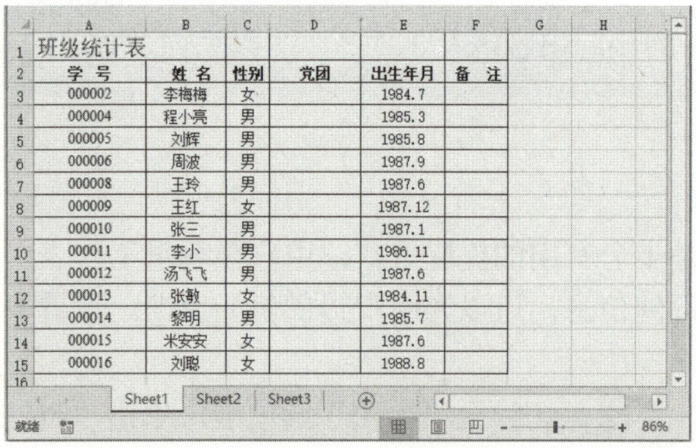

2. 在表格中选择需要合并单元格的区域，如图 5-59 所示。

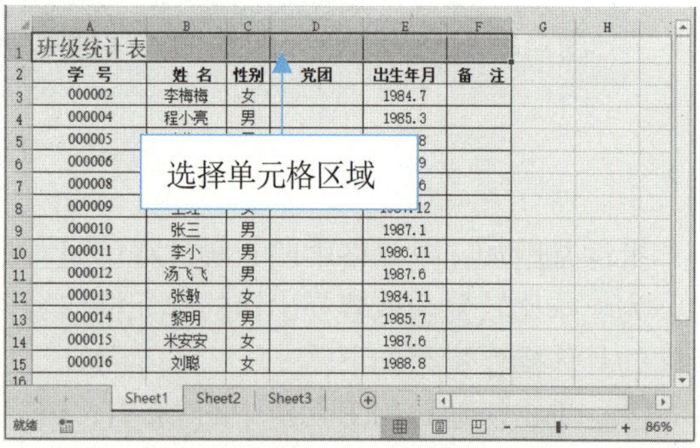

图 5-58　打开工作簿

图 5-59　选择需要合并单元格区域

3. 在"开始"|"对齐方式"选项组，单击"合并后居中"按钮，如图 5-60 所示。

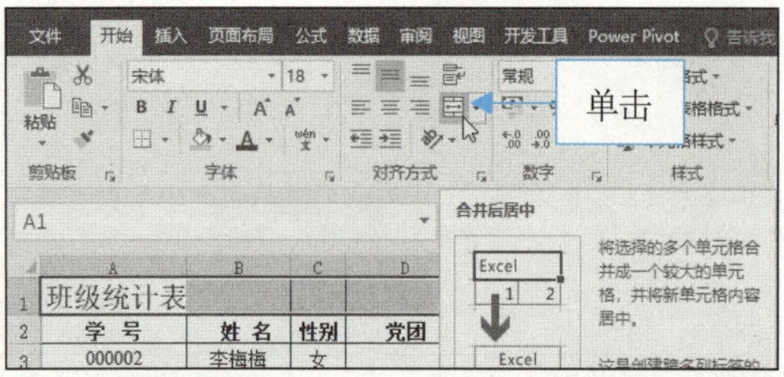

4. 执行操作后，即可合并所选单元格，效果如图 5-61 所示。

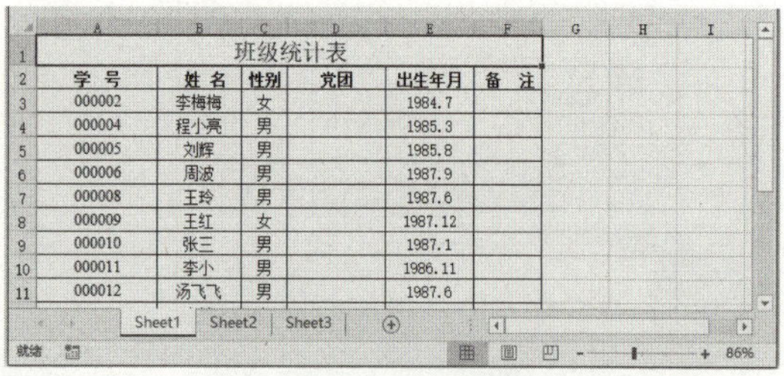

图 5-60　单击"合并后居中"按钮

图 5-61　合并单元格

专家提醒

除了运用上述方法合并单元格外，用户还可以在"对齐方式"选项组中，单击设置按钮，弹出"设置单元格格式"对话框，在"对齐"选项卡中进行相应设置。

5.5.2　添加行或列

在 Excel 中可以在一行的上方插入多行单元格或在一列的左边添加多列单元格，添加行或列的具体操作步骤如下：

1 单击快速访问工具栏中的"打开"按钮，打开一个 Excel 工作簿，在单元格中选择需要插入行的单元格，如图 5-62 所示。

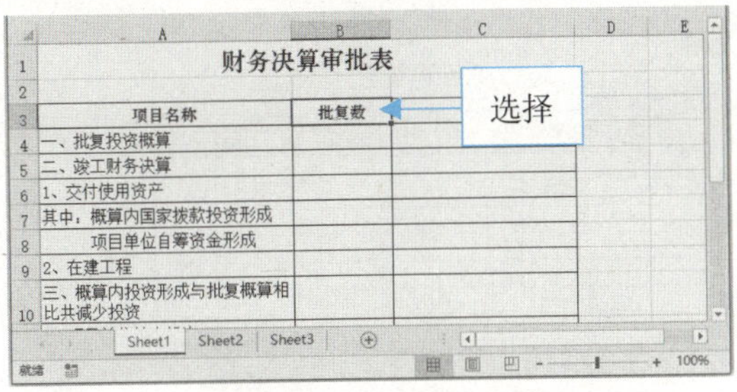

2 在选择的单元格上单击鼠标右键，在弹出的快捷菜单中，选择"插入"选项，如图 5-63 所示。

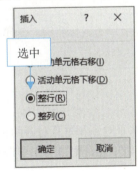

图 5-62　选择要插入行的单元格

图 5-63　选择"插入"选项

3 弹出"插入"对话框，选中"整行"单选按钮，如图 5-64 所示。

4 单击"确定"按钮，即可添加行，效果如图 5-65 所示。

图 5-64　选中"整行"单选按钮

图 5-65　添加行

知识链接

添加列的方法与添加行的方法类似，在相应的单元格上单击鼠标右键，在弹出的快捷菜单中，选择"插入"选项，弹出"插入"对话框，选中"整列"单选按钮，单击"确定"按钮，即可添加列。

5.5.3　删除行或列

与插入行或列相反，在 Excel 2016 中还可以删除多余的行或列，删除行或列的具体操作步骤如下：

电脑基础知识　系统常用操作　Word办公入门　Word图文排版　Excel表格制作　Excel数据管理　PPT演示制作　Office办公案例　办公辅助软件　电脑办公设备　电脑办公网络　电脑安全维护

1. 单击快速访问工具栏中的"打开"按钮，打开一个 Excel 工作簿，如图 5-66 所示。

图 5-66　打开工作簿

2. 在行号 3 上按住鼠标左键，并拖曳鼠标至行号 4 上，选择需要删除的行，如图 5-67 所示。

图 5-67　选择要删除的行

3. 在选择的行号上，单击鼠标右键，在弹出的快捷菜单中，选择"删除"选项，如图 5-68 所示。

图 5-68　选择"删除"选项

4. 执行操作后，即可快速删除行，效果如图 5-69 所示。

图 5-69　删除行

知识链接

> 删除列的方法与删除行的方法类似，在相应的列标上单击鼠标右键，在弹出的快捷菜单中，选择"删除"选项，即可删除所选列。

5.5.4　设置对齐方式

单元格对齐方式是文本在单元格中的排列方式，主要分为水平对齐和垂直对齐两种。水平对齐方式是指将单元格中数据在水平方向上对齐；垂直对齐方式是指将单元格中数据在垂直方向上对齐。设置对齐方式的具体操作步骤如下：

1. 单击快速访问工具栏中的"打开"按钮，打开一个 Excel 工作簿，如图 5-70 所示。

图 5-70　打开工作簿

2. 在表格中选择需要设置对齐方式的单元格区域，如图 5-71 所示。

图 5-71　选择需要设置对齐方式的单元格

3 在"开始"|"对齐方式"选项组中，单击"居中"按钮，如图 5-72 所示。

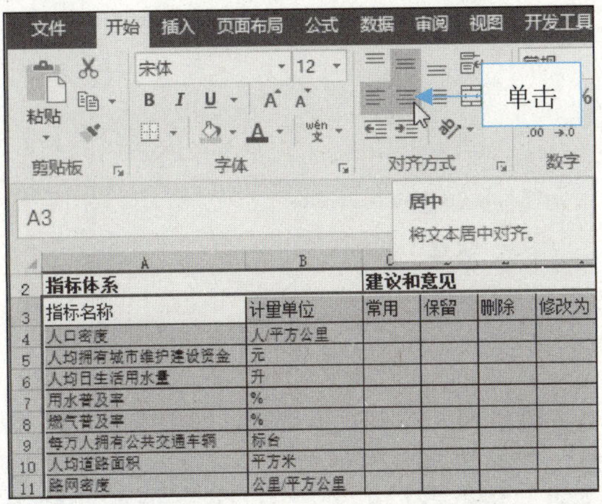

4 执行操作后，即可设置对齐方式为居中方式，效果如图 5-73 所示。

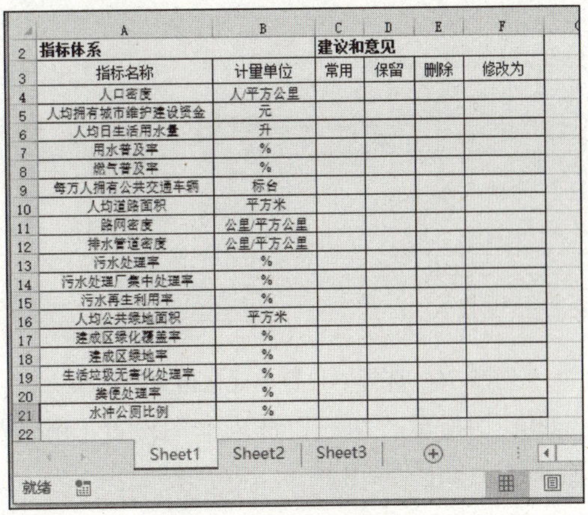

图 5-72　单击"居中"按钮

图 5-73　设置对齐方式

知识链接

在 Excel 2016 中，水平对齐方式有常规对齐、靠左（缩进）对齐、居中对齐、靠右（缩进）对齐、填充、两端对齐、跨列居中和分散对齐（缩进）八种；垂直对齐方式有靠上对齐、居中对齐、靠下对齐、两端对齐和分散对齐五种。

5.5.5　设置边框和底纹

工作表中显示的网格线是为用户输入、编辑方便而预设的，在打印或显示时，可以用它作为表格的格线，也可以全部取消它。在进行设置单元格格式时，为了使单元格中的数据显示更加清晰，增加工作表的视觉效果，还可以对单元格设置底纹和边框效果。设置边框和底纹的具体操作步骤如下：

1 单击快速访问工具栏中的"打开"按钮，打开一个 Excel 工作簿，如图 5-74 所示。

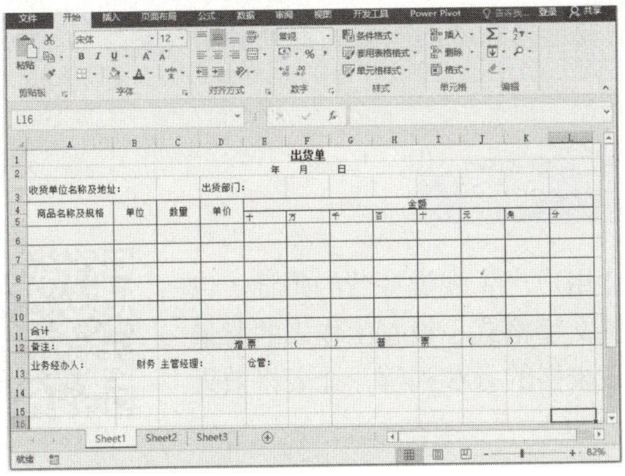

2 在表格中选择需要设置底纹和边框的单元格区域，如图 5-75 所示。

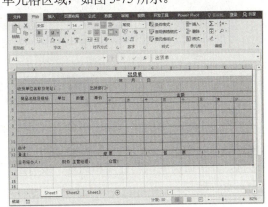

图 5-74　打开工作簿

图 5-75　选择单元格区域

3 在"开始"|"单元格"选项组中单击"格式"按钮，在弹出的列表框中选择"设置单元格格式"选项，如图 5-76 所示。

4 弹出"设置单元格格式"对话框，切换至"边框"选项卡，设置"颜色"为浅绿，依次单击"外边框""内部"按钮，如图 5-77 所示。

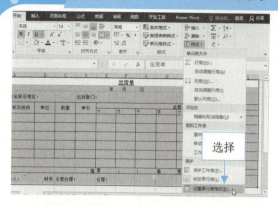

图 5-76　选择"设置单元格格式"选项

图 5-77　设置边框

5 切换至"填充"选项卡，设置"颜色"为橄榄绿，如图 5-78 所示。

6 单击"确定"按钮，即可设置边框和底纹，效果如图 5-79 所示。

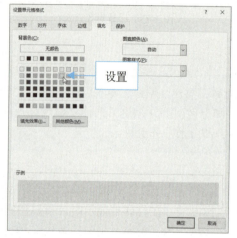

图 5-78　设置底纹

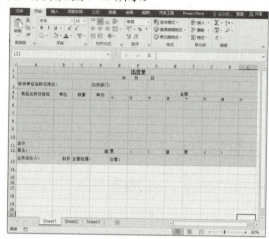

图 5-79　设置边框和底纹

📖📖📖📖📖
知识链接

在"设置单元格格式"对话框的"填充"选项卡中，单击"图案样式"右侧的下拉按钮，在弹出的列表框中，用户可以根据需要选择相应的图案为背景填充效果。

5.6　设置工作表

　　工作表千篇一律的文字和表格单元，不仅容易让用户产生视觉疲劳的感觉，也缺乏吸引力。所以，用户可以根据自己的需要，设置文字格式、设置工作表的背景与边框，并根据需要调整行高和列宽，或者进行隐藏表格的行和列等，让表格效果更为丰富、精彩。

扫码观看本节视频

5.6.1　设置字体格式

　　为了使工作表中的标题或者重要数据更加醒目、直观，可以对工作表中的数据格式进行相应设置，单元格中的字体格式设置主要包括字体、字号、字形和颜色等，设置字体格式的具体操作步骤如下：

1　单击快速访问工具栏中的"打开"按钮，打开一个 Excel 工作簿，在表格中选择需要设置字体格式的单元格区域，如图 5-80 所示。

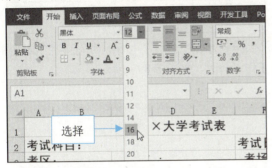

图 5-80　选择需要设置字体格式的单元格区域

3　在"字体"选项组中，单击"字号"右侧的下拉按钮，在弹出的列表框中选择 16 选项，如图 5-82 所示。

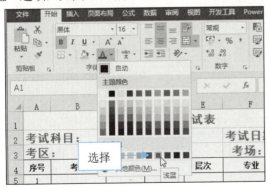

图 5-82　选择 16 选项

5　单击"字体颜色"右侧的下拉按钮，在弹出的列表框中，选择"标准色"选项区中的"浅蓝"选项，如图 5-84 所示。

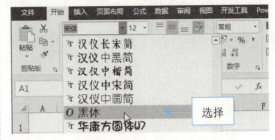

图 5-84　选择"浅蓝"选项

2　在"开始"|"字体"选项组中，单击"字体"右侧的下拉按钮，在弹出的下拉列表框中，选择"黑体"选项，如图 5-81 所示。

图 5-81　选择"黑体"选项

4　在"字体"选项组中，单击"加粗"按钮 B，如图 5-83 所示。

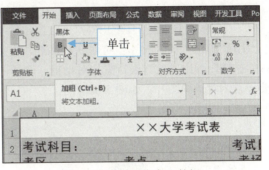

图 5-83　单击"加粗"按钮

6　执行上述操作后，即可应用所设置的字体格式，效果如图 5-85 所示。

图 5-85　设置字体格式

专 家 提 醒

　　除了运用上述方法设置字体格式外，用户还可以在"字体"选项组中，单击设置按钮，弹出"设置单元格格式"对话框中，在"字体"选项卡中进行相应设置。

电脑基础知识

系统常用操作

Word 办公入门

Word 图文排版

Excel 表格制作

Excel 数据管理

PPT 演示制作

Office 办公案例

办公辅助软件

电脑办公设备

电脑办公网络

电脑安全维护

5.6.2 设置工作表背景

设置工作表背景效果和设置边框线的效果一样，都是对工作表进行美化设计，使用背景为特定的单元格添加色彩和图案，不仅可以突出重点内容，同时又具有美化工作表的作用。设置工作表背景的具体操作步骤如下：

1 单击快速访问工具栏中的"打开"按钮，打开一个 Excel 工作簿，如图 5-86 所示。

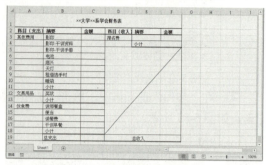

图 5-86 打开工作簿

3 弹出"插入图片"对话框，单击"从文件"按钮，弹出"工作表背景"对话框，选择需要设置为背景的图片，如图 5-88 所示。

图 5-88 选择需要设置的背景图片

2 切换至"页面布局"选项卡，单击"页面设置"选项组中的"背景"按钮，如图 5-87 所示。

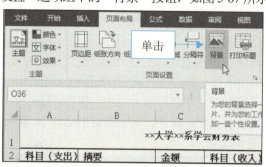

图 5-87 单击"背景"按钮

4 单击"插入"按钮，即可应用所设置的工作表背景，如图 5-89 所示。

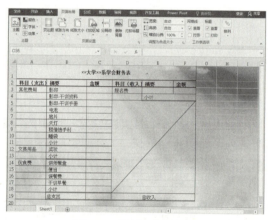

图 5-89 设置工作表背景

知识链接

当工作表中设置了背景效果后，"背景"按钮则变为"删除背景"按钮，单击该按钮，即可删除背景。

5.6.3 设置行高和列宽

在 Excel 2016 中，默认的行高和列宽有时并不能满足实际工作中的需要，因此就需要对行高和列宽进行相应的设置，以达到需要的效果。设置行高和列宽的具体操作步骤如下：

1 单击快速访问工具栏中的"打开"按钮，打开一个 Excel 工作簿，在表格中选择需要设置行高的单元格区域，如图 5-90 所示。

2 在"开始"|"单元格"选项组中单击"格式"按钮，在弹出的列表框中选择"行高"选项，如图 5-91 所示。

左侧边栏：电脑基础知识　系统常用操作　Word办公入门　Word图文排版　Excel表格制作　Excel数据管理　PPT演示制作　Office办公案例　办公辅助软件　电脑办公设备　电脑办公网络　电脑安全维护

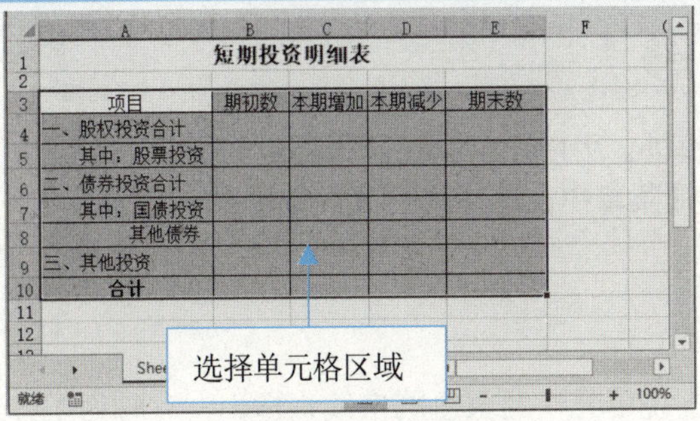

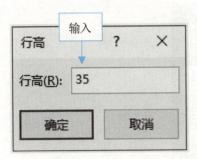

图 5-90　选择单元格区域

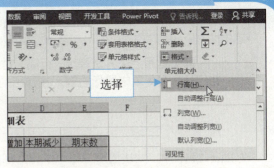

图 5-91　选择"行高"选项

3 弹出"行高"对话框，在"行高"文本框中输入 35，如图 5-92 所示。

4 单击"确定"按钮，即可调整行高，效果图 5-93 所示。

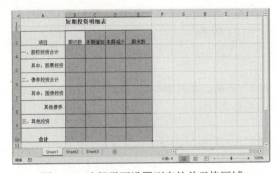

图 5-92　设置行高参数

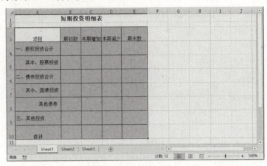

图 5-93　调整行高

5 在表格中选择需要设置列宽的单元格区域，如图 5-94 所示。

6 在"开始"|"单元格"选项组中单击"格式"按钮，在弹出的列表框中选择"列宽"选项，如图 5-95 所示。

图 5-94　选择需要设置列宽的单元格区域

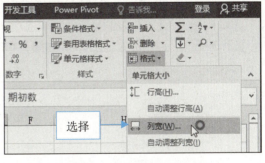

图 5-95　选择"列宽"选项

7 弹出"列宽"对话框，在"列宽"文本框中输入 12，如图 5-96 所示。

8 单击"确定"按钮，即可调整列宽，效果如图 5-97 所示。

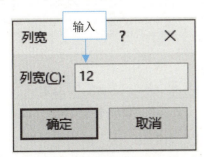

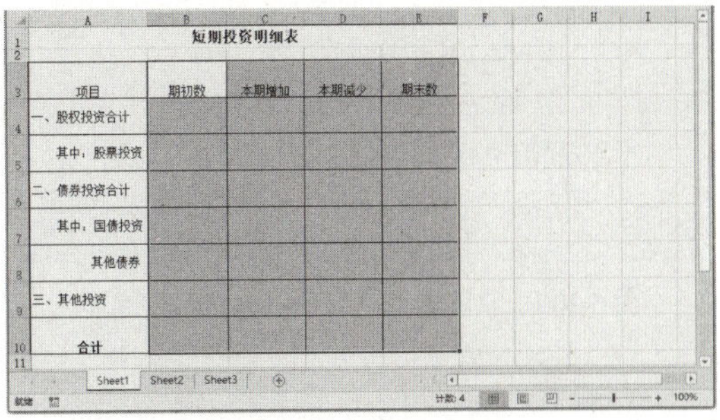

图 5-96　设置列宽参数

图 5-97　调整列宽

电脑基础知识

系统常用操作

Word 办公入门

Word 图文排版

Excel 表格制作

Excel 数据管理

PPT 演示制作

Office 办公案例

办公辅助软件

电脑办公设备

电脑办公网络

电脑安全维护

电脑基础知识

系统常用操作

Word办公入门

Word图文排版

Excel表格制作

Excel数据管理

PPT演示制作

Office办公案例

办公辅助软件

电脑办公设备

电脑办公网络

电脑安全维护

专 家 提 醒

除了运用上述方法弹出"行高"对话框外，用户还可以在选择相应的行后，在行号位置处单击鼠标右键，在弹出的快捷菜单中，选择"行高"选项。

5.6.4 隐藏网格线

在 Excel 2016 中，默认情况下每个单元格都由围绕单元格的灰色网格线来标识，有时为了方便操作，也可以将这些网格线隐藏起来。隐藏网格线的具体操作步骤如下：

1. 单击快速访问工具栏中的"打开"按钮，打开一个 Excel 工作簿，如图 5-98 所示。

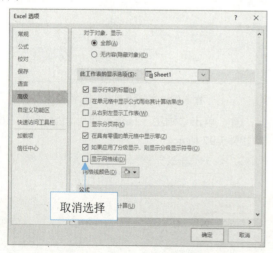

图 5-98 打开工作簿

2. 单击"文件"菜单，在弹出的面板中单击"选项"，如图 5-99 所示。

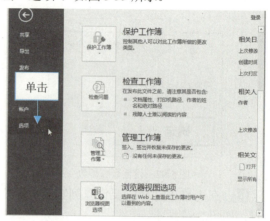

图 5-99 单击"选项"

3. 弹出"Excel 选项"对话框，切换至"高级"选项卡，在"此工作表的显示选项"选项区中，取消选择"显示网格线"复选框，如图 5-100 所示。

4. 单击"确定"按钮，即可隐藏网格线，图 5-101 所示。

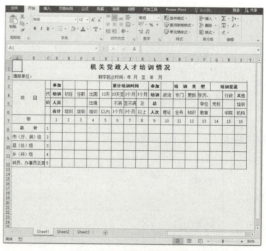

图 5-100 取消选择"显示网格线"复选框

图 5-101 隐藏网格线

第6章　Excel 2016 数据管理

数据管理是 Excel 2016 的重要功能之一,可以应用函数和公式对数据进行准确而快速的运算处理;利用排序和筛选等功能对数据进行分析管理;创建并应用数据透视表和透视图,此外还可以对表格进行打印处理。

6.1　应用图形和图表

在 Excel 2016 中,可以为表格添加相应图形,以更好地进行说明注释。同时,Excel 2016 中强大的图表功能,能够更加直观地将工作表中的数据表现出来,并能够做到层次分明、条理清楚并易于理解。用户还可以对图表进行适当的美化,使其更加赏心悦目。

扫码观看本节视频

6.1.1　绘制图形

在 Excel 2016 中,不仅可以绘制常见的图形,如直线、箭头等基本图形,还可以利用系统提供的自选图形,在工作表中绘制出用户需要的基本图形。绘制图形的具体操作步骤如下:

1 单击快速访问工具栏中的"打开"按钮,打开一个 Excel 工作簿,如图 6-1 所示。

2 切换至"插入"选项卡,单击"插图"选项组中的"形状"按钮,在弹出的列表框中单击"乘号"按钮,如图 6-2 所示。

图 6-1　打开工作簿

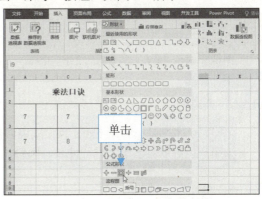

图 6-2　单击"乘号"按钮

3 将鼠标指针移至相应的单元格内,按住鼠标左键并拖曳,至合适位置后释放鼠标,即可绘制图形,如图 6-3 所示。

4 用与上述相同的方法,在工作表中相应的单元格内绘制其他图形,效果如图 6-4 所示。

图 6-3　绘制图形

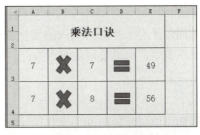

图 6-4　绘制其他图形

电脑基础知识

系统常用操作

Word 办公入门

Word 图文排版

Excel 表格制作

Excel 数据管理

PPT 演示制作

Office 办公案例

办公辅助软件

电脑办公设备

电脑办公网络

电脑安全维护

6.1.2　插入艺术字

在 Excel 2016 中，艺术字是当作一种图形对象而不是文本对象来处理的。为了美化工作簿，用户可以设置艺术字的填充颜色、阴影和三维效果等。插入艺术字的具体操作步骤如下：

1. 单击快速访问工具栏中的"打开"按钮，打开一个 Excel 工作簿，如图 6-5 所示。

2. 切换至"插入"选项卡，单击"文本"选项组中的"艺术字"按钮，在弹出的列表框中选择艺术字样式，如图 6-6 所示。

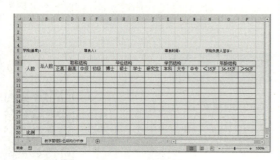

图 6-5　打开工作簿

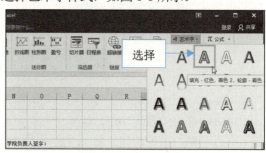

图 6-6　选择艺术字样式

3. 此时，在工作表中将显示"请在此放置您的文字"字样，如图 6-7 所示。

4. 删除原有文字，输入需要的文字，并调整其大小和位置，效果如图 6-8 所示。

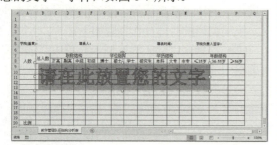

图 6-7　显示"请在此放置您的文字"字样

图 6-8　插入艺术字

知识链接

艺术字是一种用 Excel 预设效果创建的特殊图形对象，可以应用丰富的特殊效果，用户也可以对艺术字进行伸长、倾斜、弯曲和旋转等操作。

6.1.3　认识图表类型

在 Excel 2016 中，可以使用图表将工作表中的数据图形化，使原本枯燥无味的数据信息更加生动形象，并使数据层次分明、条理清晰、易于理解。其中，常用的图表有以下几种：

1．柱形图

柱形图用于显示一段时间内的数据变化或者显示各项之间的比较情况。在柱形图中，通常沿水平轴组织类型，而沿垂直轴组织数据，柱形图包括簇状柱形图、堆积柱形图和三维柱形图等。

2．折线图

折线图可以显示随时间而变化的连续数据，因此非常适用于显示在相等时间间隔下数据的变化趋势。在折线图中，类别数据沿水平轴均匀分布，所有值数据沿垂直轴均匀分布，折线图包括堆积折线图、带数据标记的折线图和三维折线图等。

3. 饼图

饼图显示一个数据系列（数据系列：在图表中绘制的相关数据点，这些数据源自数据表的行或列。图表中的每个数据系列具有唯一的颜色或图案，并且在图表的图例中表示。）中各项的大小与各项总和的比例。饼图中的数据点（数据点：在图表中绘制的单个值，这些值由条形、柱形、折线、饼图和其他被称为数据标记的图形表示。相同颜色的数据标记组成一个数据系列）显示为整个饼图的百分比。饼图包括三维饼图、复合饼图和圆环图等。

4. 条形图

条形图用来显示不连续且无关对象的差别情况，这种图表类型的变化数值随时间的变化而变化，能突出数值的比较。条形图包括簇状条形图、堆积条形图和三维条形图等。

5. 面积图

面积图强调数量随时间而变化的程度，也可以用于引起人们对总值趋势的注意。例如，表示随时间而变化的利润数据可以绘制在面积图中以强调总利润。通过显示所绘制值的总和，面积图还可以显示部分与整体的关系。面积图包括面积图、堆积面积图和百分比堆积面积图等。

6. XY 散点图

XY 散点图显示若干数据系列中各数值之间的关系，或者将两组数据绘制为 xy 坐标的一个系列。散点图有两个数值轴，沿水平轴（x 轴）方向显示一组数值数据，沿垂直轴（y 轴）方向显示另一组数据。XY 散点图包括带平滑线的散点图、带直线和数据标记的散点图和气泡图等。

7. 股价图

股价图经常用来显示股价的波动，同时，这种图表也可以用于科学数据，例如，可以使用股价图来显示每天或每年温度的波动。必须按正确的顺序组织数据才能创建股价图，股价图数据在工作表中的组织方式非常重要。股价图包括盘高-盘低-收盘图和开盘-盘高-盘低-收盘图等。

6.1.4 创建数据图表

在 Excel 2016 中，利用图表向导功能，用户可以根据需要，方便、快速地创建一个标准类型或自定义的图表。创建数据图表的具体操作步骤如下：

1. 单击快速访问工具栏中的"打开"按钮，打开一个 Excel 工作簿，如图 6-9 所示。

2. 在工作表中选择需要创建图表的数据清单，如图 6-10 所示。

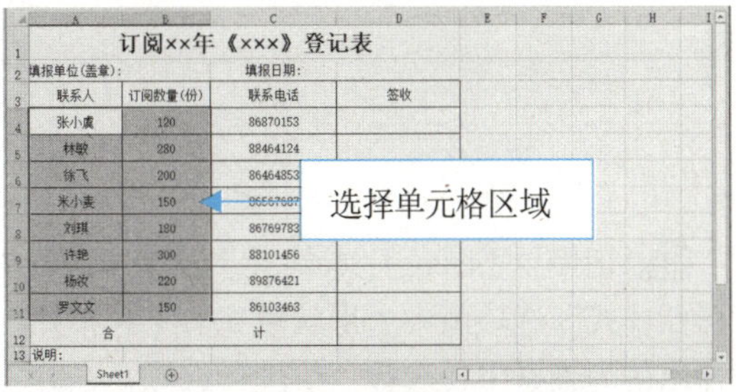

图 6-9　打开工作簿

图 6-10　选择需要创建图表的数据

电脑基础知识　系统常用操作　Word办公入门　Word图文排版　Excel表格制作　Excel数据管理　PPT演示制作　Office办公案例　办公辅助软件　电脑办公设备　电脑办公网络　电脑安全维护

3. 切换至"插入"选项卡，单击"图表"选项组中的设置按钮 ，如图 6-11 所示。

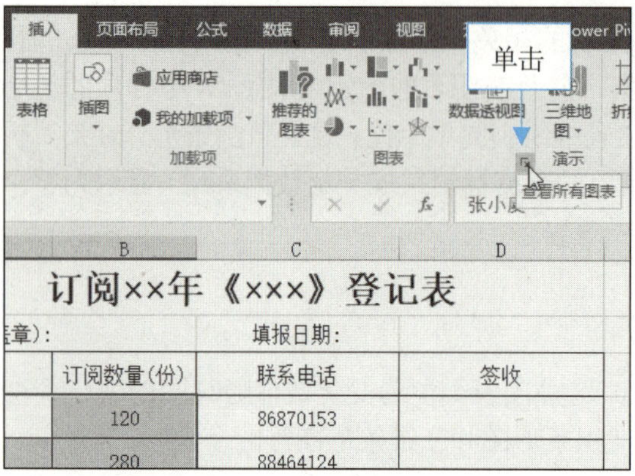

4. 弹出"插入图表"对话框，切换至"所有图表"选项卡，在"柱形图"选项区中选择所需图表样式，如图 6-12 所示。

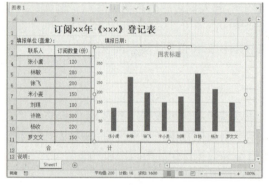

图 6-11　单击设置按钮

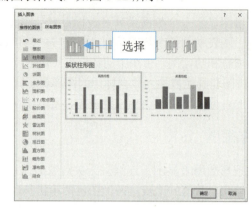

图 6-12　选择图表样式

5. 单击"确定"按钮，即可创建数据图表，如图 6-13 所示。

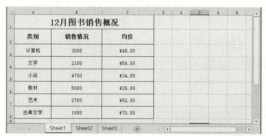

图 6-13　创建数据图表

专家提醒

除了运用上述方法创建数据图表外，用户还可以在选择相应单元格数据后，切换至"插入"选项卡，在"图表"选项组中，单击所需的图表类型按钮，并在其弹出的列表框中选择所需的子图表类型。

6.1.5　美化数据图表

为了使图表更加清晰美观，用户可以为图表设置填充效果，包括渐变、纹理和图片填充等。美化数据图表的具体操作步骤如下：

1. 单击快速访问工具栏中的"打开"按钮，打开一个 Excel 工作簿，如图 6-14 所示。

2. 在工作表中选择需要进行美化的数据图表，如图 6-15 所示。

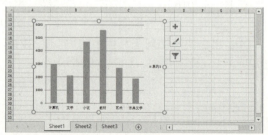

图 6-14　打开工作簿

图 6-15　选择需要进行美化的图表

3. 切换至"图表工具-格式"选项卡，单击"形状样式"选项组中"形状填充"下拉按钮，在弹出的列表框中，选择"纹理"选项，在弹出的子菜单中选择"画布"选项，如图 6-16 所示。

4. 执行上述操作后，即可应用所设置的图表图案填充效果，完成美化数据图表，效果如图 6-17 所示。

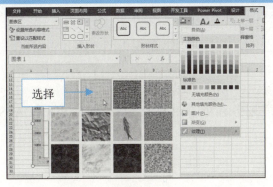

图 6-16　选择"画布"选项

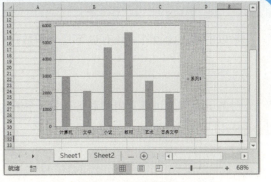

图 6-17　美化数据图表

专家提醒

在"形状样式"选项组中，单击"形状填充"按钮，在弹出的列表框中，用户还可以选择使用颜色、图片以及渐变色等来填充特定的图表元素。选择"无填充颜色"选项，则清除填充效果。

6.2　应用函数和公式

在 Excel 2016 中，通常计算表格数据的方式包括公式和函数两种。公式是函数的基础，它是单元格中的一系列值、单元格引用、名称或运算符的组合。同时，系统内置了多种函数类型，可以快速应用相应函数计算数据。

扫码观看本节视频

6.2.1　常用函数类型

在 Excel 中，常用函数就是经常使用的函数，如求和函数、计算算术平均数函数等。常用函数包括：SUM、AVERAGE、IF、HYPERLINK、COUNT、MAX、SIN、SUMIF 和 PMT 等，各函数的语法和作用如表 6-1 所示。

表 6-1　常用函数

语法	作用
SUM（number1，number2）	返回单元格区域中所有数值的和
AVERAGE（number1，number2，…）	计算参数的算术平均值；参数可以是数值或包含数值的名称、数组或引用
IF（Logical_test，Value_if_true，Value_if_false）	执行真假判断，根据对指定条件进行逻辑评价的真假而返回不同的结果
HYPERLINK（Link_loation，Friendly_name）	创建快捷方式，以便打开文档或网络驱动器，或连接 Internet
COUNT（value1，value2，…）	计算参数表中数字参数和包含数字的单元格的个数
MAX（number1，number2，…）	返回一组数值中的最大值，忽略逻辑值和文本字符
SIN（number）	返回给定弧度的正弦值
SUMIF（Range，Criteria，Sum_range）	根据指定条件对若干单元格求和
PMT（Rate，Nper，Pv，Fv，Type，）	返回到固定利率下，投资或贷款的等额分期偿还额

电脑基础知识

系统常用操作

Word 办公入门

Word 图文排版

Excel 表格制作

Excel 数据管理

PPT 演示制作

Office 办公案例

办公辅助软件

电脑办公设备

电脑办公网络

电脑安全维护

6.2.2 其他函数类型

除以上常用函数外，还有以下几类函数：

1. 财务函数

财务函数用来进行常用的财务计算。系统内部的财务函数包括RATE、ACCRINT、COUPDAYS、FV、PV、PMT等

2. 日期与时间函数

日期与时间函数用来处理日期型和时间型数据的函数。系统内部的日期与时间函数包括DATE、DAY、DAYS360、MONTH、NOW、TODAY、YEAR、WEEKDAY等函数。

3. 数学与三角函数

数学与三角函数用来处理通过数学和三角函数进行的简单计算。系统内部的数学与三角函数包括ABS、INT、ROUND、MOD、RAND、SUM、SUMIF等。

4. 统计函数

统计函数用于对数据区域进行统计分析。系统内部的统计函数包括AVERAGE、RANK、MAXA、COUNTIF等。

5. 查找与引用函数

查找与引用函数用来在数据清单或表格中查找特定数值或查找某一个单元格的引用。系统内部的查找与引用函数包括 ADDRESS、AREAS、CHOOSE、COLUMN、HLOOKUP 和 INDEX 等。

6. 数据库函数

数据库函数用来分析数据清单中的数值是否满足特定的条件。系统内部的数据库函数包括DAVERAGE、DCOUNT、DGET、DMAX、DMIN、DSUM 和 DVAR 等。

7. 文本函数

文本函数主要用来处理文本字符串。系统内部的文本函数包括 ASC、CHAR、CLEAN、CODE、CONCATENATE、DOLIAR、EXACT、FIND 和 FINDB 等。

8. 逻辑函数

逻辑函数用来进行真假判断或进行复合检查。系统内部的逻辑函数包括 AND、FALSE、IF、NOT、OR 和 TRUE 等。

9. 信息函数

信息函数用来确定保存在单元格中数据的类型，信息函数包括一组 IS 函数，在单元格满足条件时返回 TRUE。系统内部的信息函数包括 CELL、INFO、ISERR、ISERROR 和 ISNA 等。

电脑基础知识

系统常用操作

Word 办公入门

Word 图文排版

Excel 表格制作

Excel 数据管理

PPT 演示制作

Office 办公案例

办公辅助软件

电脑办公设备

电脑办公网络

电脑安全维护

6.2.3 应用函数计算

Excel 2016 中包含了各种各样的函数，可以进行数学、文本、逻辑的运算或者查找工作表信息。使用函数进行计算快速方便，也可以减少错误的发生。应用函数计算的具体操作步骤如下：

1 单击快速访问工具栏中的"打开"按钮，打开一个 Excel 工作簿，选择需要应用函数计算的单元格，如图 6-18 所示。

图 6-18　选择需要应用函数计算的单元格

3 弹出"插入函数"对话框，在"或选择类别"下拉列表中选择"常用函数"，在"选择函数"下拉列表框中选择 SUM 选项，如图 6-20 所示。

图 6-20　选择 SUM 选项

5 单击"确定"按钮，即可在单元格中显示计算结果，如图 6-22 所示。

图 6-22　显示计算结果

2 切换至"公式"选项卡，在"函数库"选项组中，单击"插入函数"按钮 *fx*，如图 6-19 所示。

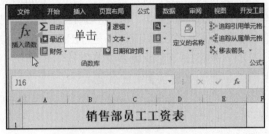

图 6-19　单击"插入函数"按钮

4 单击"确定"按钮，弹出"函数参数"对话框，在 Number1 右侧的文本框中，输入需要计算的单元格区域，如图 6-21 所示。

图 6-21　输入需要计算的单元格区域

6 利用自动填充功能，填充其他表格数据，如图 6-23 所示。

图 6-23　填充其他表格数据

知识链接

在 Excel 2016 中，用户如果要查看可用函数的列表，可以在选择相应函数单元格后，按【Shift＋F3】组合键进行查看。

电脑基础知识

系统常用操作

Word 办公入门

Word 图文排版

Excel 表格制作

Excel 数据管理

PPT 演示制作

Office 办公案例

办公辅助软件

电脑办公设备

电脑办公网络

电脑安全维护

6.2.4 运算符基础知识

运算符用来连接运算的数据对象，并说明对运算对象进行了何种操作，如"－（减号）"是对前后两个操作对象进行了减法运算。

1. 运算符的基本类型

运算符对公式中的元素进行特定类型的运算，在 Excel 2016 中，包括算术运算符【用于完成基本的数学运算（如加法、减法和乘法）、连接数据和计算数据结果等】、比较运算符【用于比较两个值，其结果是一个逻辑值，不是 TRUE（真），就是 FALSE（假）】、文本运算符【即使用 "&"（和号）加入或连接一个或更多文本字符串以产生一串文本】和引用运算符【用于表示单元格在工作表上所处位置的坐标值】4 种类型。

2. 运算符的优先级

如果公式中同时用到多个运算符，Excel 与数学中学习的运算顺序相似，如果公式中包含相同优先级的运算符，例如，公式中同时包含乘法和除法运算符，则 Excel 将从左到右进行运算；如果公式中包含不同优先级的运算符，例如，公式中包含乘法和加法运算符，则按照运算符的优先级进行运算，如表 6-2 所示为常用运算符的运算优先级。

表 6-2　运算符优先级

运算符	说明
，（逗号）/（单个空格）/:（冒号）	引用运算符
－	负号
%	百分比
^	乘方
＋和－	加和减
*和/	乘和除
&	连接两个文本字符串
＝、＞、＜、＞＝、＜＝和＜＞	比较运算符

6.2.5 自定义公式计算

在 Excel 2016 中，可以通过输入相应公式的方法计算表格数据，其方法与输入文本的方法类似，选择要输入公式的单元格，在编辑栏中输入 "＝" 号，然后输入公式内容即可。自定义公式计算的具体操作步骤如下：

1. 单击快速访问工具栏中的"打开"按钮，打开一个 Excel 工作簿，如图 6-24 所示。

2. 在工作表中选择要自定义公式的单元格，如图 6-25 所示。

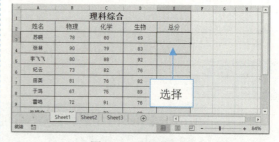

图 6-24　打开工作簿　　　　图 6-25　选择单元格

左侧栏目：电脑基础知识　系统常用操作　Word办公入门　Word图文排版　Excel表格制作　Excel数据管理　PPT演示制作　Office办公案例　办公辅助软件　电脑办公设备　电脑办公网络　电脑安全维护

3. 在编辑栏中输入公式"＝B3＋C3＋D3"，如图 6-26 所示。

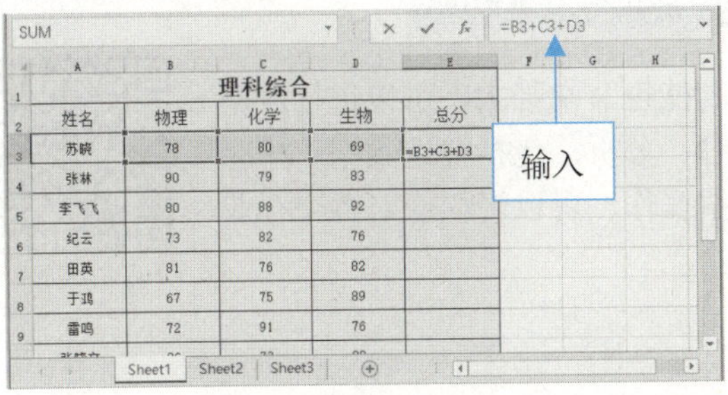

4. 按【Enter】键确认，即会在 E3 单元格中显示计算结果，如图 6-27 所示。

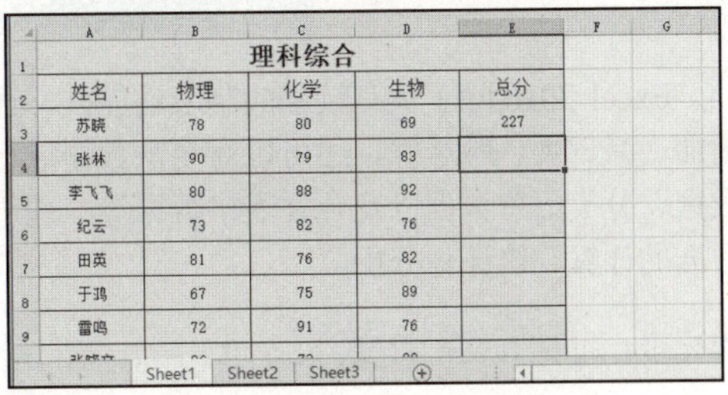

图 6-26　输入公式

图 6-27　显示公式计算结果

专 家 提 醒

输入相应公式后，按【Enter】键确认，在显示计算结果的同时还可以激活下一个单元格。

6.2.6 复制应用公式

在 Excel 2016 中，用户可以对公式进行相应的复制操作，利用复制功能快速应用相似公式，可以减轻计算工作量，从而提高工作效率。复制应用公式的具体操作步骤如下：

1. 单击快速访问工具栏中的"打开"按钮，打开一个 Excel 工作簿，如图 6-28 所示。

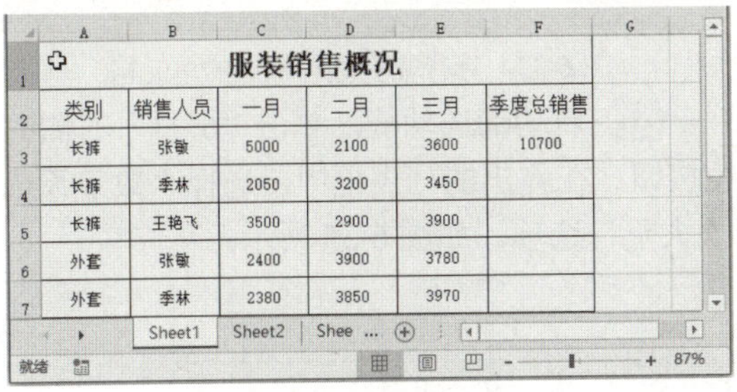

2. 在工作表中选择需要复制应用公式的单元格，如图 6-29 所示。

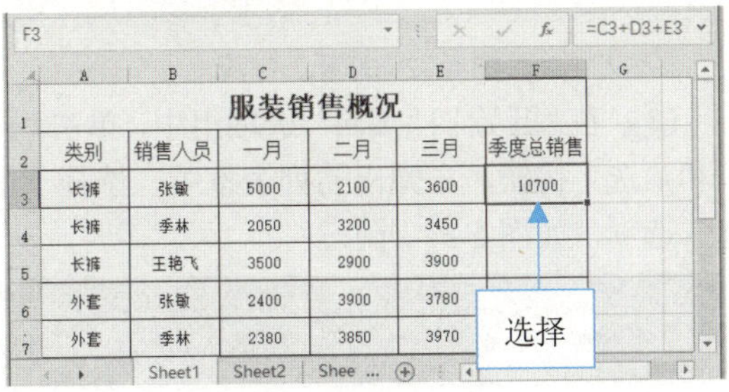

图 6-28　打开工作簿

图 6-29　选择需要进行复制应用公式的单元格

3. 将鼠标指针移至 F3 单元格右下角，鼠标指针呈"十"字形状 **＋** 时，按住鼠标左键并向下拖曳，如图 6-30 所示。

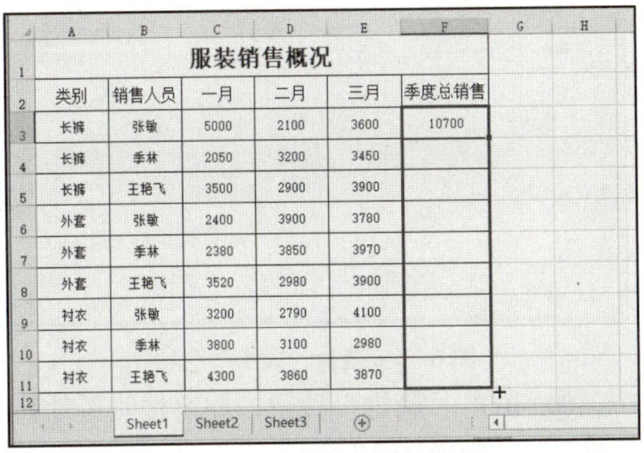

4. 至 F11 单元格，释放鼠标左键，即可复制应用公式计算相应单元格数据，效果如图 6-31 所示。

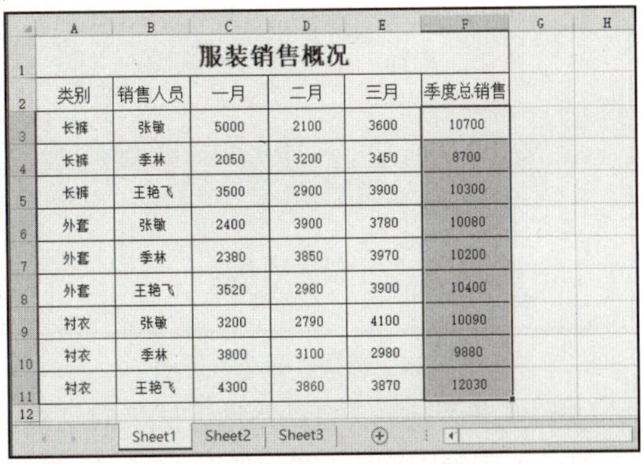

图 6-30　单击鼠标左键并拖曳

图 6-31　复制应用公式计算数据

电脑基础知识

系统常用操作

Word 办公入门

Word 图文排版

Excel 表格制作

Excel 数据管理

PPT 演示制作

Office 办公案例

办公辅助软件

电脑办公设备

电脑办公网络

电脑安全维护

电脑基础知识

系统常用操作

Word办公入门

Word图文排版

Excel表格制作

Excel数据管理

PPT演示制作

Office办公案例

办公辅助软件

电脑办公设备

电脑办公网络

电脑安全维护

6.3 分析管理表格数据

Excel 2016 除了具有较强的制表功能外，计算功能也非常强大，可以进行数据的加、减、乘、除运算，还可以对复杂数据进行管理、分析，包括筛选数据、排序数据、分类汇总数据以及合并表格数据等。通过这些操作，可以轻松应对各个行业数据的计算、统计与分析。

扫码观看本节视频

6.3.1 筛选表格数据

在 Excel 2016 中，筛选是从数据清单中查找和分析符合特定条件数据的快捷方法。利用筛选功能，用户可以在具有大量记录的数据清单中快速查找出需要的数据，筛选表格数据的具体操作步骤如下：

1 单击快速访问工具栏中的"打开"按钮，打开一个 Excel 工作簿，如图 6-32 所示。

图 6-32 打开工作簿

2 在工作表中选择需要进行筛选的单元格，如图 6-33 所示。

图 6-33 选择需要进行筛选的单元格

3 在"开始"|"编辑"选项组中，单击"排序和筛选"按钮，在弹出的列表框中，选择"筛选"选项，如图 6-34 所示。

图 6-34 选择"筛选"选项

4 启动筛选功能，单击"6 月"右侧的下拉按钮，在弹出的列表框中，选择"数字筛选"|"大于"选项，如图 6-35 所示。

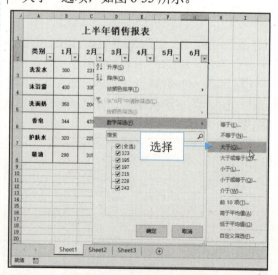

图 6-35 选择"大于"选项

5 弹出"自定义自动筛选方式"对话框，在右侧的文本框中输入 200，如图 6-36 所示。

6 单击"确定"按钮，即可按照条件筛选表格数据，如图 6-37 所示。

图 6-36　输入参数　　　　　　　　图 6-37　筛选表格数据

在"自定义自动筛选方式"对话框中，单击"大于"右侧的下拉按钮，在弹出的列表框中选择相应的选项，也可以设置相应的筛选方式，如等于、不等于和小于等。

6.3.2　排序表格数据

在实际工作中，建立的数据清单在输入数据时，一般是按照数据的输入顺序进行排序的，缺乏相应的条理性，不利于用户直接查找浏览所需要的数据，为了使数据的管理更加方便，可以对数据进行排序。排序表格数据的具体操作步骤如下：

1. 单击快速访问工具栏中的"打开"按钮，打开一个 Excel 工作簿，并选择需要排序的单元格区域，如图 6-38 所示。

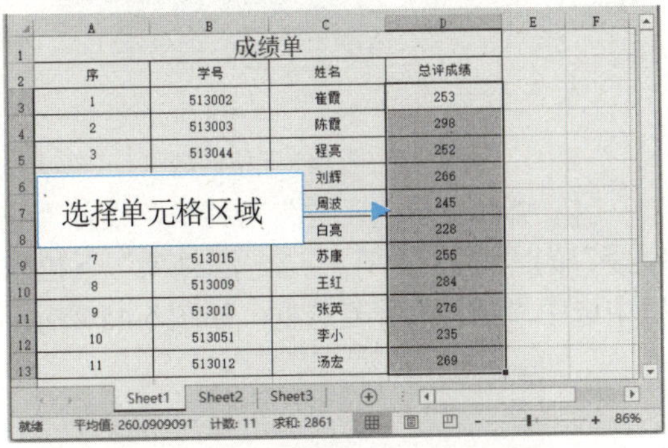

2. 在"开始"|"编辑"选项组中，单击"排序和筛选"按钮，在弹出的列表框中，选择"降序"选项，如图 6-39 所示。

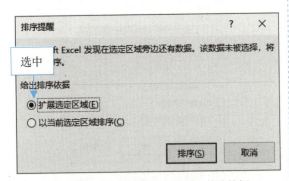

图 6-38　选择需要排序的单元格区域

3. 弹出"排序提醒"对话框，选中"扩展选定区域"单选按钮，如图 6-40 所示。

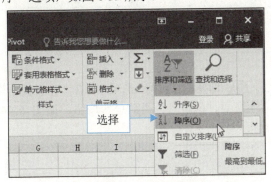

图 6-39　选择"降序"选项

4. 单击"排序"按钮，即可按成绩由高到低进行排序，如图 6-41 所示。

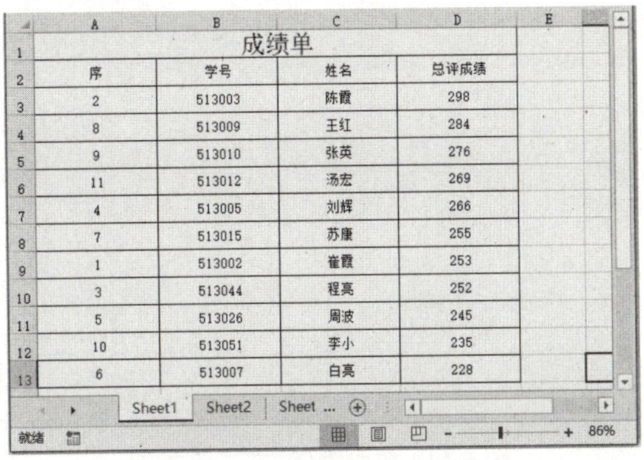

图 6-40　选中"扩展选定区域"单选按钮

图 6-41　排序表格数据

电脑基础知识

系统常用操作

Word 办公入门

Word 图文排版

Excel 表格制作

Excel 数据管理

PPT 演示制作

Office 办公案例

办公辅助软件

电脑办公设备

电脑办公网络

电脑安全维护

专 家 提 醒

如果在"排序提醒"对话框中选中"以当前选定区域排序"单选按钮，则单击"排序"按钮后，Excel 2016 只会将选定区域排序，而其他位置的单元格保持不变。

6.3.3 分类汇总数据

分类汇总用于对表格数据或者原始数据进行分析处理，并可以自动插入汇总信息行。利用分类汇总功能，用户不仅可以建立清晰、明了的总结报告，还可以设置在报告中显示第一层的信息而隐藏其他层次的信息。分类汇总数据的具体操作步骤如下：

1 单击快速访问工具栏中的"打开"按钮，打开一个 Excel 工作簿，如图 6-42 所示。

2 在工作表中选择需要进行分类汇总数据的单元格区域，如图 6-43 所示。

图 6-42 打开工作簿

图 6-43 选择单元格区域

3 切换至"数据"选项卡，在"分级显示"选项组中，单击"分类汇总"按钮，如图 6-44 所示。

4 弹出"分类汇总"对话框，设置"分类字段"为"商品"，在"选定汇总项"下拉列表框中选中"销售额"复选框，如图 6-45 所示。

图 6-44 单击"分类汇总"按钮

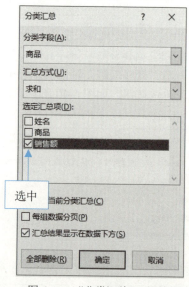

图 6-45 "分类汇总"对话框

5 单击“确定”按钮，即可分类汇总数据，如图 6-46 所示。

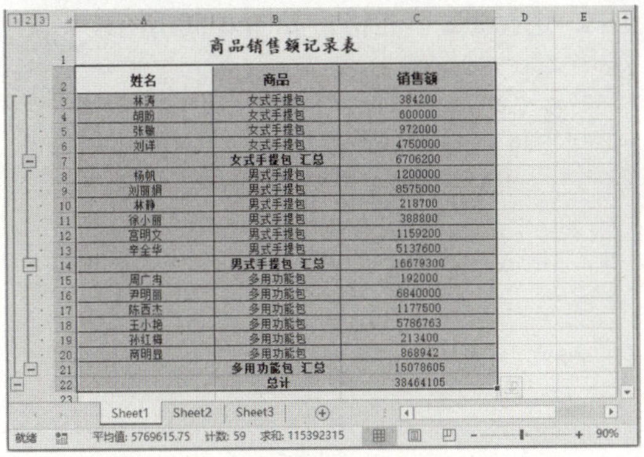

商品销售额记录表

姓名	商品	销售额
林涛	女式手提包	384200
胡盼	女式手提包	600000
张敏	女式手提包	972000
刘详	女式手提包	4750000
	女式手提包 汇总	6706200
杨帆	男式手提包	1200000
刘丽娟	男式手提包	8575000
林静	男式手提包	218700
徐小丽	男式手提包	388800
宫明文	男式手提包	1159200
辛全华	男式手提包	5137600
	男式手提包 汇总	16679300
周广海	多用功能包	192000
尹明丽	多用功能包	6840000
陈西杰	多用功能包	1177500
王小艳	多用功能包	5786763
孙红梅	多用功能包	213400
商明昱	多用功能包	868942
	多用功能包 汇总	15078605
	总计	38464105

图 6-46　分类汇总数据

知识链接

用户在进行分类汇总前，需要先对数据进行排序，若不对其进行排序，则在执行分类汇总操作后，Excel 2016 只会对相同的数据进行汇总。创建分类汇总后，单击左侧列表树中的“减号”按钮⊟，可以快速隐藏分类汇总。

6.3.4　合并表格数据

通过数据的合并计算，可以对来自于一个或者多个源区域的数据进行汇总，并且建立合并计算表。这些源区域与合并计算表可以在同一工作表中，也可以在同一个工作簿中的不同工作表中，还可以在不同的工作簿中。

在 Excel 2016 中，提供了以下几种合并计算的方式：

- 使用三维公式：使用三维引用公式合并计算数据源区域的布局没有限制，可以将合并计算更改为需要的方式，当更改源区域中的数据时，合并计算将自动进行更新。
- 通过位置进行合并计算：如果所有源数据具有同样的顺序和位置排序，可以按照位置进行合并计算，利用这种方法可以合并来自同一模板创建的一系列工作表。当数据更改时，合并计算将自动更新，但是不可以更改合并计算中所包含的单元格和数据区域。如果使用手动更新合并计算，则可以更改所包含的单元格和数据区域。
- 按分类进行合并计算：如果要汇总计算一组具有相同的行和列标志，但以不同方式组织数据的工作表，则可以按分类进行合并计算，这种方法会对每一张工作表中具有相同列标志的数据进行合并计算。
- 通过生成数据透视表进行合并计算：这种方法类似于按分类进行合并计算，但其提供了更多的灵活性，可以重新组织分类，还可以根据多个合并计算的数据区域创建数据透视表。

合并表格数据的具体操作步骤如下：

1 单击快速访问工具栏中的“打开”按钮，打开一个 Excel 工作簿，选择 B3 单元格，如图 6-47 所示。

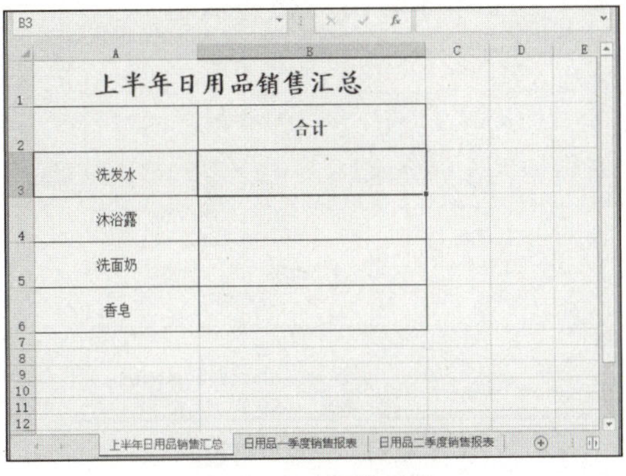

图 6-47　选择单元格

2 切换至“数据”选项卡，在“数据工具”选项组中，单击“合并计算”按钮，如图 6-48 所示。

图 6-48　单击“合并计算”按钮

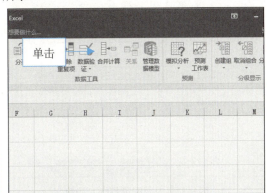

3 弹出"合并计算"对话框，单击"引用位置"右侧的按钮 ，如图6-49所示。

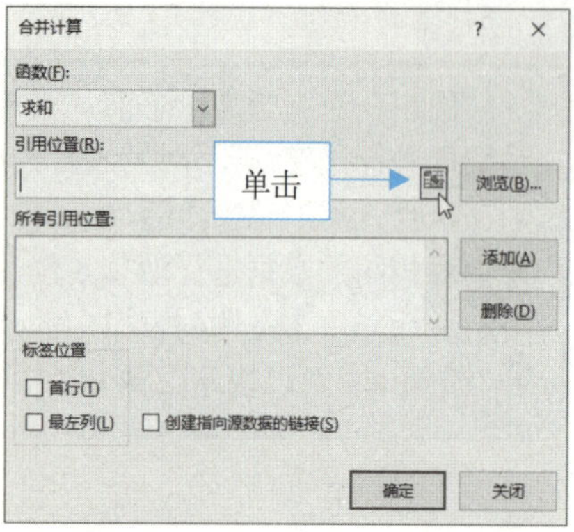

4 切换至"日用品一季度销售报表"工作表中，选择E3单元格，如图6-50所示。

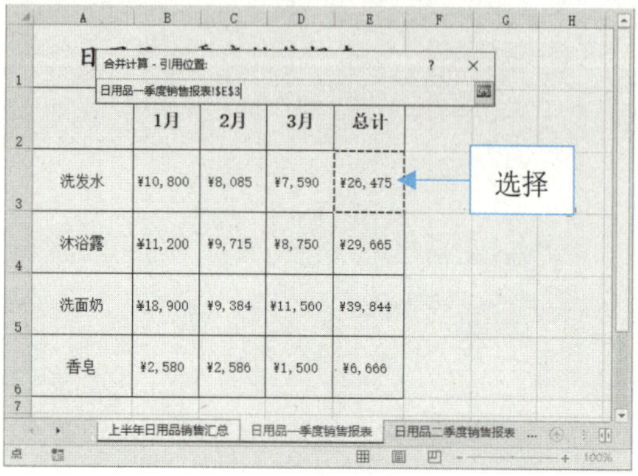

图 6-49　单击"引用位置"右侧的按钮

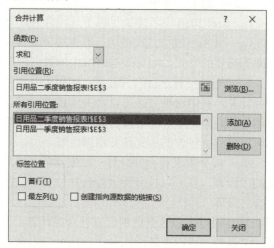

图 6-50　选择 E3 单元格

5 按【Enter】键确认，返回"合并计算"对话框，单击"添加"按钮，将其添加至"所有引用位置"列表框中，如图6-51所示。

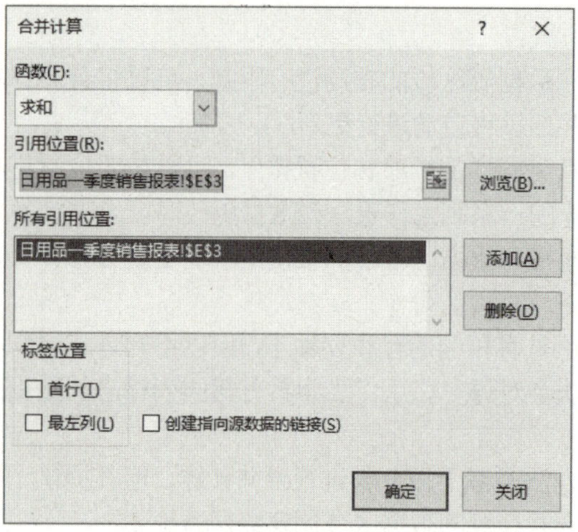

6 用与上述相同的方法，添加"日用品二季度销售报表"工作表中的E3单元格数据，如图6-52所示。

图 6-51　添加至"所有引用位置"列表框

图 6-52　添加单元格数据

7 单击"确定"按钮，即可对数据进行合并计算，如图6-53所示。

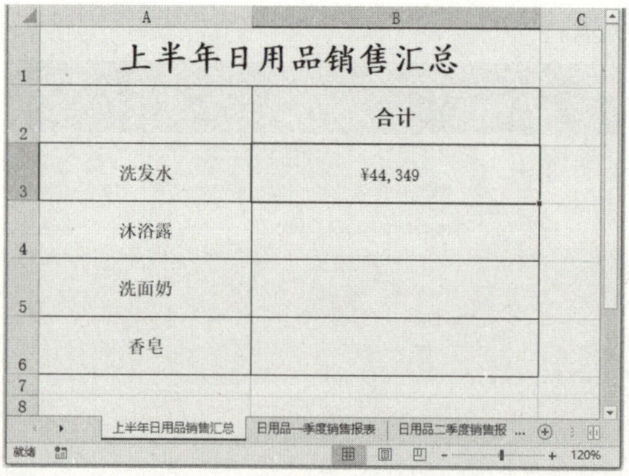

8 用与上述相同的方法，计算出其他商品的销售数据，如图6-54所示。

图 6-53　对数据进行合并计算

图 6-54　计算表格数据

6.4　数据透视表和透视图

使用数据透视表可以全面对数据清单进行重新组织和统计数据，也可以显示不同页面以筛选数据，还可以根据需要显示区域中的细节数据。数据透视图可以看作是数据透视表和图表的结合，它以图形的形式表示数据透视表中的数据。

扫码观看本节视频

6.4.1　数据透视表基础知识

数据透视表是一种对大量数据快速汇总并建立交叉列表的交互式表格。在使用数据透视表之前，需要先了解数据透视表的基本术语，其主要包括源数据、字段、项、汇总函数和刷新等，其含义如下：

⚙ 源数据：源数据是为数据透视表提供数据的基础行或数据库记录。用户可以从 Excel 数据清单、外部数据库、多张 Excel 工作表中或其他数据透视表中创建数据透视表。

⚙ 字段：字段是从源列表或数据库表中的字段衍生的数据分类。

⚙ 项：项是字段的分类或成员，项表示源数据中字段的唯一条目。

⚙ 汇总函数：汇总函数用来对数据字段中的值进行行类型合并计算。数据透视表通常对包含数字的数据字段使用 SUM 函数，而对包含文本的数据字段使用 COUNT 函数，还可以选择其他汇总函数，如 AVERAGE、MIN、MAX 和 PRODUCT 等函数。

⚙ 刷新：刷新是指用来自源列表或数据库的最新数据更新当前数据透视表。

6.4.2　创建数据透视表

在 Excel 2016 中，利用数据透视表向导功能，可以快速、方便地创建数据透视表。创建数据透视表的具体操作步骤如下：

1. 单击快速访问工具栏中的"打开"按钮，打开一个 Excel 工作簿，如图 6-55 所示。

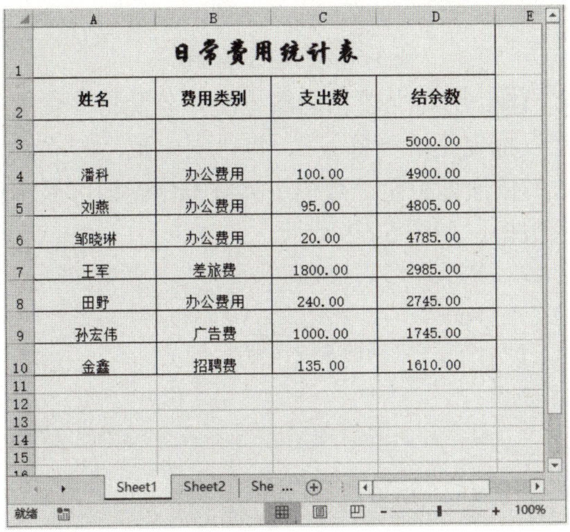

2. 切换至"插入"选项卡，在"表格"选项组中，单击"数据透视表"按钮，如图 6-56 所示。

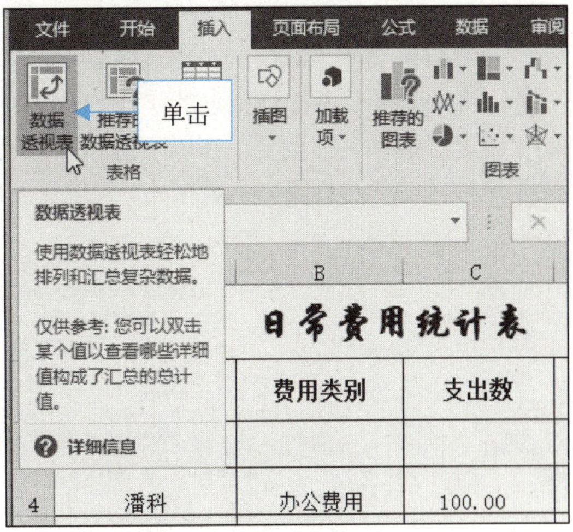

图 6-55　打开工作簿

图 6-56　单击"数据透视表"按钮

3. 弹出"创建数据透视表"对话框，单击"表/区域"右侧的按钮，如图 6-57 所示。

4. 在工作表中选择需要创建数据透视表的单元格区域，如图 6-58 所示。

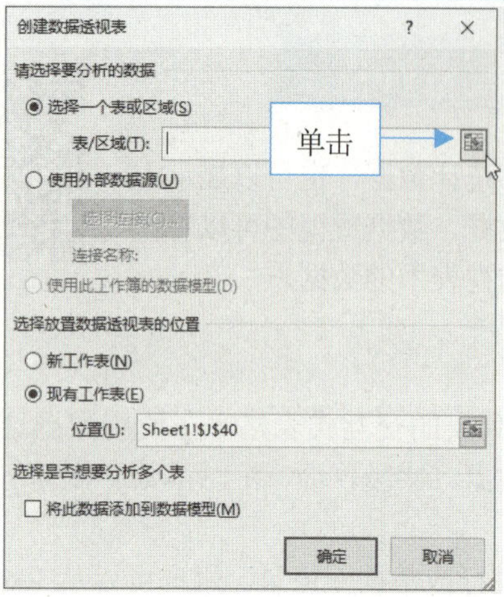

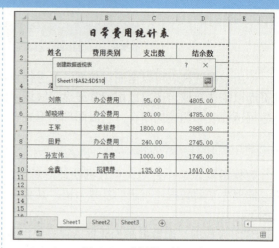

图 6-57　单击"表/区域"右侧的按钮

图 6-58　选择单元格区域

5. 按【Enter】键确认，返回"创建数据透视表"对话框，选中"新工作表"单选按钮，如图 6-59 所示。

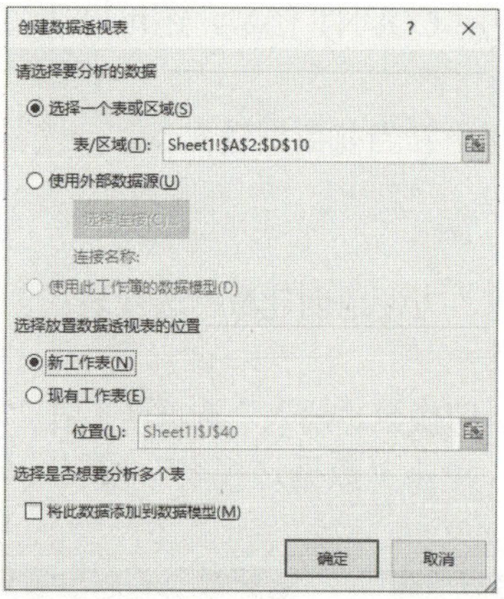

6. 单击"确定"按钮，即可在一个新工作表中创建数据透视表，弹出"数据透视表字段"窗格，如图 6-60 所示。

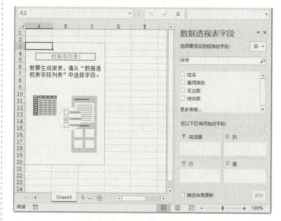

图 6-59　选中"新工作表"单选按钮

图 6-60　创建数据透视表

7. 将"选择要添加到报表的字段"列表框中的"姓名"选项，拖曳至"在以下区域间拖动字段"选项区的"行标签"列表框中，如图 6-61 所示。

8. 用与上述相同的方法，分别将"费用类别"拖曳至"列标签"、将"支出数"和"结余数"依次拖曳至"数值"列表框中，即可显示相应数据，如图 6-62 所示。

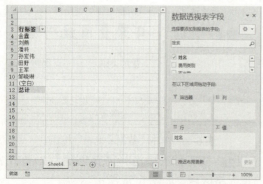
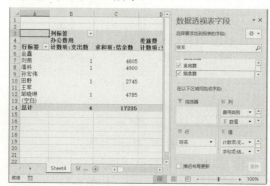

图 6-61　拖曳"姓名"选项

图 6-62　显示相应数据

专 家 提 醒

新建的数据透视表中是没有内容的，用户需要在"数据透视表字段"窗格中选中所需的字段复选框，为数据透视表添加数据。

6.4.3　创建数据透视图

数据透视图具有 Excel 图表显示数据的所有功能，而且同时具有数据透视表的方便和灵活等特性。创建数据透视图的具体操作步骤如下：

1 单击快速访问工具栏中的"打开"按钮，打开一个 Excel 工作簿，如图 6-63 所示。

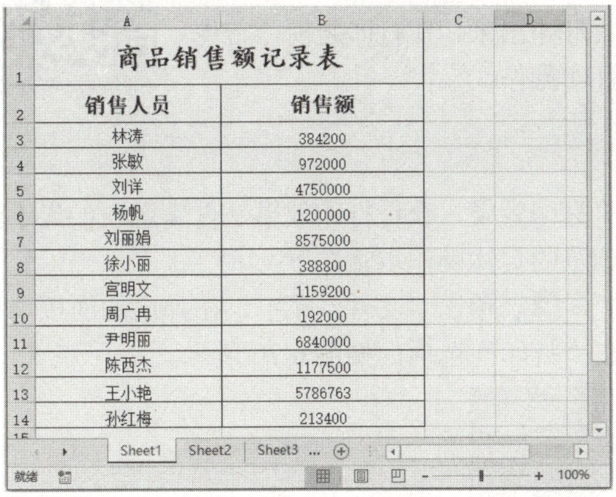

2 切换至"插入"选项卡，单击"图表"选项组中的"数据透视图"按钮，在弹出的列表框中选择"数据透视图"选项，如图 6-64 所示。

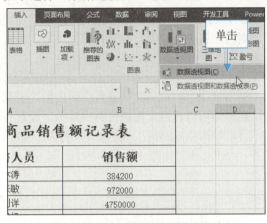

图 6-63　打开工作簿

图 6-64　选择"数据透视图"选项

3 弹出"创建数据透视图"对话框，单击"表/区域"右侧的按钮，如图 6-65 所示。

4 在工作表中选择需要创建数据透视图的单元格区域，如图 6-66 所示。

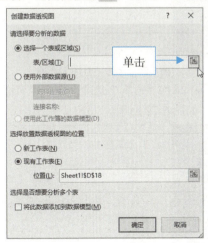

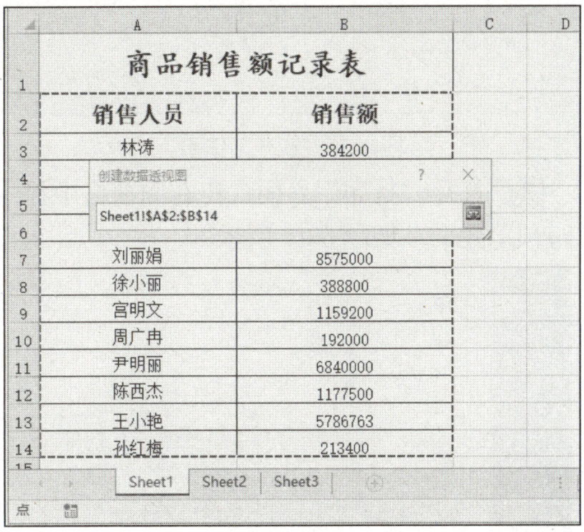

图 6-65　单击"表/区域"右侧的按钮

图 6-66　选择单元格区域

5 按【Enter】键确认，返回对话框，选中"新工作表"单选按钮，单击"确定"按钮，即可在一个新工作表中创建数据透视图，如图 6-67 所示。

6 在"数据透视表字段"窗格中选中所需的复选框，即可显示相应的数据及图表，效果如图 6-68 所示。

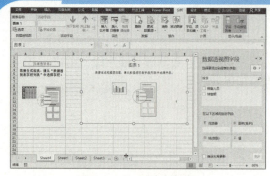

图 6-67 创建数据透视图

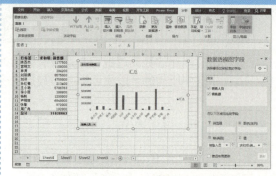

图 6-68 显示相应的数据及图表

6.5 打印 Excel 工作表

在 Excel 2016 中制作好工作簿后，经常需要将其打印出来。在打印之前，首先需要对打印机进行设置，预览打印效果后，再进行打印操作。

扫码观看本节视频

6.5.1 设置打印预览

通常情况下，在对文档进行打印之前，需要预览打印效果，查看打印效果是否满意，如果不满意，用户还可以再对文档进行编辑修改。设置打印预览的具体操作步骤如下：

1. 单击快速访问工具栏中的"打开"按钮，打开一个 Excel 工作簿，如图 6-69 所示。

2. 单击"文件"菜单，在弹出的面板中单击"打印"选项，如图 6-70 所示。

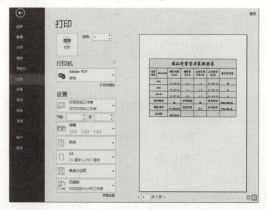

图 6-69 打开工作簿

图 6-70 单击"打印"选项

3. 打开"打印"界面，在右侧窗格中显示打印预览效果，如图 6-71 所示。

4. 单击"设置"选项区中的"页面设置"按钮，如图 6-72 所示。

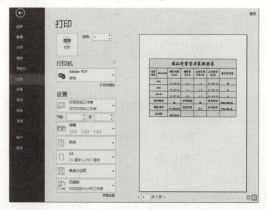

图 6-71 显示打印预览效果

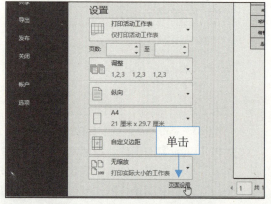

图 6-72 单击"页面设置"按钮

5. 弹出"页面设置"对话框，在"页面"选项卡中，选中"横向"单选按钮，然后切换至"页边距"选项卡，在"居中方式"选项区中，依次选中"水平"和"垂直"复选框，如图6-73所示。

6. 设置完成后，单击"确定"按钮，在右侧窗格中显示设置后的打印预览效果，如图6-74所示。

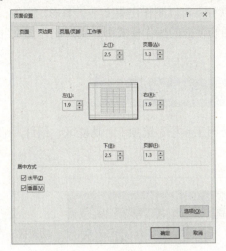

图 6-73　"页面设置"对话框

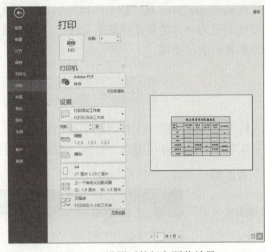

图 6-74　设置后的打印预览效果

6.5.2　打印 Excel 文档

设置完成后，若对当前效果满意，即可进行正式打印。打印 Excel 文档的具体操作步骤如下：

1. 单击快速访问工具栏中的"打开"按钮，打开一个 Excel 工作簿，如图6-75所示。

2. 单击"文件"菜单，在弹出的面板中单击"打印"选项，在"打印"界面的中间窗格中单击"打印"按钮，如图6-76所示。

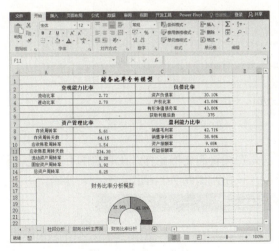

图 6-75　打开工作簿

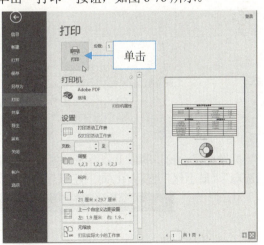

单击

图 6-76　单击"打印"按钮

3. 执行操作后，即可打印 Excel 文档。

电脑基础知识

系统常用操作

Word 办公入门

Word 图文排版

Excel 表格制作

Excel 数据管理

PPT 演示制作

Office 办公案例

办公辅助软件

电脑办公设备

电脑办公网络

电脑安全维护

第7章 PowerPoint 2016 演示制作

PowerPoint 2016 是一款专门用来制作演示文稿的软件，可以制作出集文字、图形、图像、声音以及视频等为一体的多媒体演示文稿。它以全新的界面和便捷的操作模式引导用户制作图文并茂、声形兼备的演示文稿。

7.1 PowerPoint 2016 工作界面

PowerPoint 2016 的工作界面主要由标题栏、快速访问工具栏、选项卡、功能区、幻灯片缩略窗格、编辑窗口和状态栏等部分组成，如图 7-1 所示。

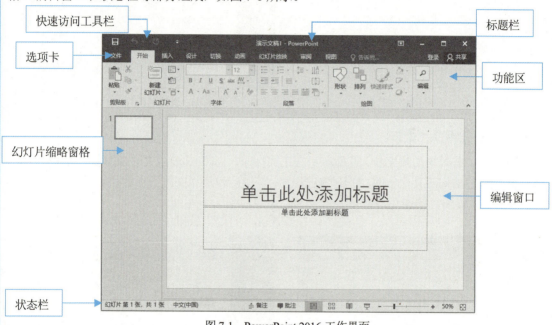

图 7-1 PowerPoint 2016 工作界面

7.1.1 标题栏

标题栏位于窗口的最上方，显示窗口名称和当前正在编辑的文档名称，在其右侧有"功能区显示选项""最小化""最大化/向下还原"和"关闭"4 个按钮，如图 7-2 所示。

图 7-2 标题栏

7.1.2 快速访问工具栏

快速访问工具栏位于窗口左上角，主要用于显示一些常用的操作按钮，在默认情况下，快速访问工具栏上的按钮只有"保存"按钮、"撤销键入"按钮、"重复键入"按钮和"自定义快速访问工具栏"按钮，如图 7-3 所示。

图 7-3 快速访问工具栏

7.1.3 选项卡和功能区

选项卡位于标题栏的下方，默认情况下，由"文件""开始""插入""设计""切换""动画""幻灯片放映""审阅"和"视图"组成。功能区用于帮助用户快速找到完成某一任务所需的命令，与选项卡是相互对应的关系，在选项卡中单击某选项卡，即可显示该选项卡对应的面板，如图7-4所示。

图7-4 选项卡和功能区

7.1.4 幻灯片缩略窗格

在幻灯片缩略窗格中显示的是幻灯片文本，是开始撰写幻灯片文字内容的主要区域，如图 7-5所示。以缩略图的形式在演示文稿中显示幻灯片，使用缩略图能更加方便地通过演示文稿导航观看设计更改的效果。

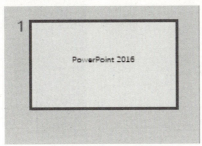

图7-5 幻灯片缩略窗格

7.1.5 编辑窗口

编辑窗口是 PowerPoint 2016 工作界面中最大的组成部分，如图7-6所示，是进行幻灯片制作的主要工作区，用于显示和编辑幻灯片。当幻灯片应用了主题和版式后，编辑区将出现相应的提示信息，提示用户输入相关内容。

图7-6 编辑窗口

7.1.6 状态栏

状态栏位于工作界面最下方，显示当前演示文稿的常用参数及工作状态，如图7-7所示。

图7-7 状态栏

电脑基础知识

系统常用操作

Word办公入门

Word图文排版

Excel表格制作

Excel数据管理

PPT演示制作

Office办公案例

办公辅助软件

电脑办公设备

电脑办公网络

电脑安全维护

7.2　PowerPoint 2016 基本操作

演示文稿是用于介绍和说明某个问题和事件的一组多媒体材料，也是 PowerPoint 生成的文件形式，在应用演示文稿前，应了解其基本操作，如新建演示文稿、保存演示文稿、打开和关闭演示文稿等。

扫码观看本节视频

7.2.1　新建演示文稿

在 PowerPoint 2016 中创建演示文稿的操作方法与在 Word 中新建文档、在 Excel 中新建工作簿的操作方法类似，新建演示文稿的具体操作步骤如下：

1 启动 PowerPoint 2016 应用程序，单击"文件"菜单，在弹出的面板中单击"新建"选项，如图 7-8 所示。

2 打开"新建"界面，在中间窗格中，单击"空白演示文稿"按钮，如图 7-9 所示。

图 7-8　单击"新建"选项

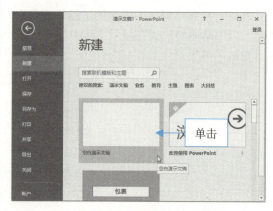

图 7-9　单击"空白演示文稿"按钮

3 执行操作后，即可新建演示文稿，其名称为"演示文稿 2"，如图 7-10 所示。

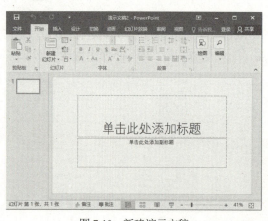

图 7-10　新建演示文稿

专家提醒

除了运用上述方法新建演示文稿外，还有以下两种方法：

⚙ 按【Ctrl＋N】组合键。

⚙ 单击快速访问工具栏中的"新建"按钮。

7.2.2　保存演示文稿

制作好演示文稿后，应对其进行保存。在实际工作中，一定要养成经常保存的习惯，在制作演示文稿的过程中，保存的次数越多，因意外事故造成的损失就越小。保存演示文稿的具体操作步骤如下：

1. 单击快速访问工具栏上的"新建"按钮，新建一个演示文稿，在其中制作相应的幻灯片效果，如图7-11所示。

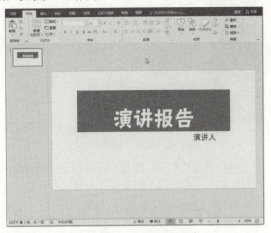

图7-11 制作演示文稿

3. 在打开的"另存为"界面中，单击"浏览"按钮，如图7-13所示。

图7-13 单击"浏览"按钮

2. 单击"文件"菜单，在弹出的面板中单击"保存"选项，如图7-12所示。

图7-12 单击"保存"选项

4. 弹出"另存为"对话框，设置演示文稿的保存路径和文件名，如图7-14所示，单击"保存"按钮，即可保存演示文稿。

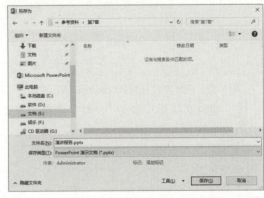

图7-14 设置保存路径和文件名

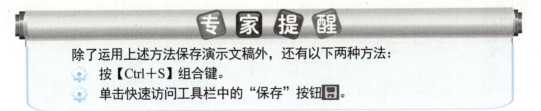

除了运用上述方法保存演示文稿外，还有以下两种方法：
- 按【Ctrl＋S】组合键。
- 单击快速访问工具栏中的"保存"按钮 。

7.2.3 打开和关闭演示文稿

在 PowerPoint 2016 中，如果要对演示文稿进行编辑修改，首先要打开演示文稿，然后再进行相应操作。对演示文稿操作完成后，则应该将其关闭。打开和关闭演示文稿的具体操作步骤如下：

1. 在 PowerPoint 2016 工作界面中，单击"文件"菜单，在弹出的面板中单击"打开"选项，如图7-15所示。

2. 在"打开"界面中单击"浏览"按钮，如图7-16所示。

电脑基础知识

系统常用操作

Word办公入门

Word图文排版

Excel表格制作

Excel数据管理

PPT演示制作

Office办公案例

办公辅助软件

电脑办公设备

电脑办公网络

电脑安全维护

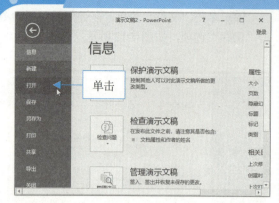

图 7-15　单击"打开"选项

图 7-16　单击"浏览"选项

③ 弹出"打开"对话框，选择需要打开的 PowerPoint 演示文稿，如图 7-17 所示。

④ 单击"打开"按钮，即可打开 PowerPoint 演示文稿，如图 7-18 所示。

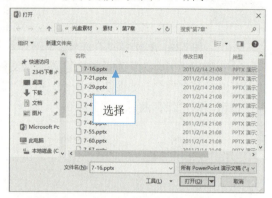

图 7-17　选择要打开的 PowerPoint 演示文稿

图 7-18　打开演示文稿

⑤ 编辑文稿后，单击"文件"菜单，在弹出的面板中单击"关闭"选项，如图 7-19 所示。

⑥ 弹出提示信息框，提示用户是否保存演示文稿，如图 7-20 所示。

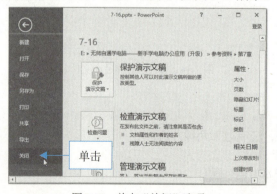

图 7-19　单击"关闭"选项

图 7-20　提示信息框

⑦ 单击"不保存"按钮，不保存并关闭演示文稿。

7.3　制作 PowerPoint 幻灯片

在掌握了 PowerPoint 2016 基本操作后，即可通过在演示文稿中插入相应元素来制作幻灯片，以完成演示文稿的制作。幻灯片是由各种对象组成的，其中包括图片、文本、表格以及图表等元素，可以将这些元素插入幻灯片中，并进行相应编辑操作。

扫码观看本节视频

7.3.1　插入并编辑图片

在 PowerPoint 2016 中，用户可以在演示文稿中插入图片，并根据需要进行相应编辑，以更加生动形象地阐述主题，同时在插入图片时，应考虑是否与幻灯片的主题协调。插入并编辑图片的具体操作步骤如下：

1. 单击快速访问工具栏上的"打开"按钮，打开一个演示文稿，如图 7-21 所示。

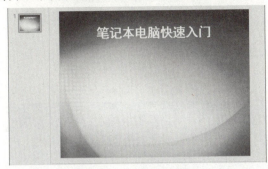

图 7-21　打开演示文稿

3. 弹出"插入图片"对话框，在其中选择需要插入的图片，如图 7-23 所示。

图 7-23　选择需要插入的图片

5. 在"图片工具-格式"选项卡中，单击"调整"选项组中的"删除背景"按钮，如图 7-25 所示。

图 7-25　单击"删除背景"按钮

7. 在"背景消除"选项卡中，单击"关闭"选项组的"保留更改"按钮，如图 7-27 所示。

2. 切换至"插入"选项卡，单击"图像"选项组中的"图片"按钮，如图 7-22 所示。

图 7-22　单击"图片"按钮

4. 单击"插入"按钮，即可插入图片，如图 7-24 所示。

图 7-24　插入图片

6. 在编辑窗口中调整要删除的图片背景区域，如图 7-26 所示。

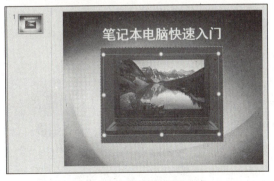

图 7-26　调整删除背景区域

8. 执行操作后，即可清除图片背景，并将其调整至合适位置，效果如图 7-28 所示。

电脑基础知识

系统常用操作

Word 办公入门

Word 图文排版

Excel 表格制作

Excel 数据管理

PPT 演示制作

Office 办公案例

办公辅助软件

电脑办公设备

电脑办公网络

电脑安全维护

图 7-27 单击"保留更改"按钮　　　　图 7-28 清除图片背景

知识链接

　　插入图片时，在"插入图片"对话框中选择相应图片后，双击鼠标左键，也可以将其插入演示文稿中。此外，按住【Ctrl】键的同时选择多张要插入的图片，可一次性插入多张图片。

7.3.2 输入并编辑文本

　　文字是演示文稿中的重要组成部分，无论是自动生成的幻灯片，还是刚刚新建的幻灯片，都类似于一张白纸，用户可以在其中输入文本。同时，为了使演示文稿更加美观，可以对输入的文本进行相应编辑，包括设置字体、字号及字体颜色等。输入并编辑文本的具体操作步骤如下：

1. 单击快速访问工具栏上的"打开"按钮，打开一个演示文稿，如图 7-29 所示。

2. 在幻灯片的提示内容"单击此处添加标题"处，单击鼠标左键，如图 7-30 所示。

图 7-29 打开演示文稿

图 7-30 定位光标

3. 在其中输入相应的文本内容，如图 7-31 所示。

4. 选中输入的文字，设置"字体"为"华文彩云"，如图 7-32 所示。

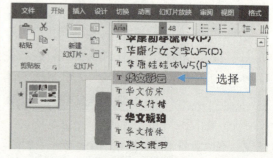

图 7-31 输入文本内容　　　　图 7-32 设置字体

左侧栏目：
电脑基础知识
系统常用操作
Word办公入门
Word图文排版
Excel表格制作
Excel数据管理
PPT演示制作
Office办公案例
办公辅助软件
电脑办公设备
电脑办公网络
电脑安全维护

5 单击"字体颜色"右侧的下拉按钮，在弹出的列表框中选择"紫色"选项，如图 7-33 所示。

6 执行上述操作后，即可应用所设置的字体，再将其调整至合适位置，完成输入并编辑文本操作，如图 7-34 所示。

图 7-33　选择"紫色"选项

图 7-34　输入并编辑文本

7.3.3　插入与编辑表格

PowerPoint 支持多种插入表格的方式，可以在幻灯片中直接插入，也可以利用占位符插入。自动插入表格功能能够帮助用户方便地完成表格的创建，提高在幻灯片中添加表格的效率，并可以对插入的表格进行相应编辑。插入与编辑表格的具体操作步骤如下：

1 单击快速访问工具栏上的"打开"按钮，打开一个演示文稿，如图 7-35 所示。

2 切换至"插入"选项卡，单击"表格"选项组中的"表格"按钮，如图 7-36 所示。

图 7-35　打开演示文稿

图 7-36　单击"表格"按钮

3 在弹出列表框的网格区域中拖动鼠标选择需要创建表格的行数和列数，如图 7-37 所示。

4 在选择的网格区域右下角的方格上单击鼠标左键，即可插入相应的表格，效果如图 7-38 所示。

图 7-37　选择表格行数和列数

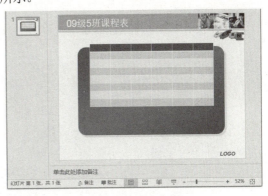

图 7-38　插入表格

电脑基础知识

系统常用操作

Word办公入门

Word图文排版

Excel表格制作

Excel数据管理

PPT演示制作

Office办公案例

办公辅助软件

电脑办公设备

电脑办公网络

电脑安全维护

专家提醒

与在 Word 中插入表格类似，用户还可以单击"表格"按钮，在弹出的列表框中选择"插入表格"选项，在弹出的"插入表格"对话框中，设置相应列数和行数，进行插入表格。

5. 切换至"表格工具-设计"选项卡，在"表格样式"选项组的列表框中，选择相应的表格样式，如图 7-39 所示。

6. 将表格调整至合适位置，输入相应文本，即可完成插入与编辑表格，效果如图 7-40 所示。

图 7-39 选择相应表格样式

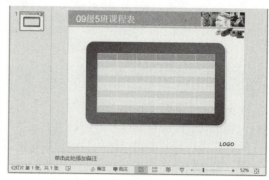

图 7-40 插入与编辑表格

知识链接

除了直接插入表格外，用户还可以利用占位符插入表格，也就是使用包含内容的版式来插入表格。其中包含内容的版式是指版式包含插入表格、图标、剪贴画、图片、SmartArt 图形和影片的按钮，而不需要在功能区选择相应命令来执行。

7.3.4 插入数据图表

PowerPoint 2016 自带了一系列图表样式，每种类型可以分别用来表示不同的数据关系。图表与文字数据相比，更容易让人理解。插入数据图表的具体操作步骤如下：

1. 单击快速访问工具栏上的"打开"按钮，打开一个演示文稿，如图 7-41 所示。

2. 切换至"插入"选项卡，单击"插图"选项组中的"图表"按钮，如图 7-42 所示。

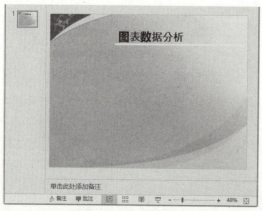

图 7-41 打开演示文稿

图 7-42 单击"图表"按钮

③ 弹出"插入图表"对话框，在"柱形图"选项区中选择所需的样式，如图 7-43 所示。

④ 单击"确定"按钮，即可插入选择的图表样式，同时系统会自动启动 Excel 2016 应用程序，其中显示了图表数据，如图 7-44 所示。

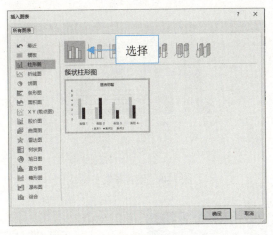

图 7-43　选择图表样式

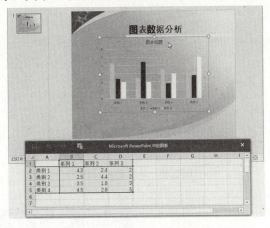

图 7-44　图表与 Excel 数据表

专 家 提 醒

在"插入图表"对话框中，包含了系统提供的一系列图表样式，在其中选择相应的样式，即可插入不同的数据图表。

7.3.5　设置图表布局

创建图表后，用户可以更改图表的外观，可以快速将一个预定义布局和图表样式应用到现有的图表中。设置图表布局的具体操作步骤如下：

① 单击快速访问工具栏上的"打开"按钮，打开一个演示文稿，如图 7-45 所示。

② 在幻灯片中选择需要设置图表布局的图表，如图 7-46 所示。

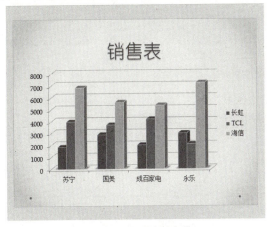

图 7-45　打开演示文稿

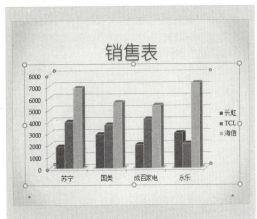

图 7-46　选择图表

③ 切换至"图表工具-设计"选项卡，单击"图表布局"选项组中的"添加图表元素"下拉按钮，选择"数据标签"|"其他数据标签选项"选项，如图 7-47 所示。

④ 弹出"设置数据标签格式"窗格，在"标签选项"选项区选中"值"复选框，即可应用所设置的图表布局结构，效果如图 7-48 所示。

电脑基础知识

系统常用操作

Word 办公入门

Word 图文排版

Excel 表格制作

Excel 数据管理

PPT 演示制作

Office 办公案例

办公辅助软件

电脑办公设备

电脑办公网络

电脑安全维护

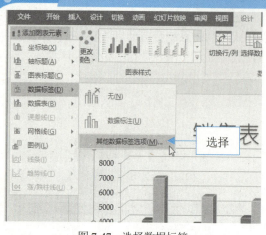

图 7-47　选择数据标签

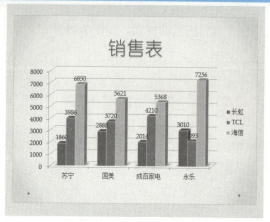

图 7-48　设置图表布局

7.4　制作影音幻灯片效果

使用 PowerPoint 2016 不仅可以制作出图文并茂的幻灯片效果，而且还可以在此基础上，插入媒体文件，如插入声音、影片文件等，让幻灯片效果更为丰富，从画面到声音，多方位地向观众传递信息。

扫码观看本节视频

7.4.1　插入音频文件

在运用 PowerPoint 2016 制作幻灯片过程中，用户除了可以插入 PowerPoint 中自带的声音之外，还可以将自己喜欢的音频文件插入到幻灯片中，其中插入来自文件声音的方法与插入图片的方法相似。插入音频文件的具体操作步骤如下：

1 单击快速访问工具栏上的"打开"按钮，打开一个演示文稿，如图 7-49 所示。

2 切换至"插入"选项卡，单击"媒体"选项组中的"音频"下拉按钮，在下拉列表中选择"PC 上的音频"选项，如图 7-50 所示。

图 7-49　打开演示文稿

图 7-50　选择"PC 上的音频"选项

3 弹出"插入音频"对话框，在其中选择所需的音频文件，如图 7-51 所示。

4 单击"插入"按钮，即可将音频插入幻灯片中，并调整至合适位置，如图 7-52 所示。

图 7-51　选择相应的音频文件

图 7-52　插入音频文件

5 单击音频文件图标下方的"播放"按钮 ▶，即可播放音频文件，试听音频效果，并显示音频播放进度，如图 7-53 所示。

图 7-53　播放音频文件

📖 知识链接

此外，用户还可以录制相应音频文件。需要注意的是，在 PowerPoint 2016 中插入音频文件时，需要查看声音文件播放时间与幻灯片放映的时间是否长短匹配。

7.4.2　设置声音属性

当用户插入一个声音后，系统将会自动创建一个声音图标，用以表示当前幻灯片中插入的声音。用户可以选中声音图标后，使用鼠标拖动来移动位置，或者拖动其周围的控制点来改变图标的大小。鼠标放在声音图标上后，会出现播放控制条，单击控制条上的播放按钮，可以听声音内容，单击暂停按钮可以停止播放。

在幻灯片中选中声音图标后，将出现"音频工具-格式"和"音频工具-播放"两个选项卡，最常用的播放方式功能设置集中在"音频工具-播放"选项卡中，如图 7-54 所示。

图 7-54　"音频工具-播放"选项卡

在该选项卡的各选项组中，可以设置声音属性，其中主要选项的含义如下：

⚙　"放映时隐藏"复选框：选中该复选框，在放映幻灯片的过程中会自动隐藏声音图标。

⚙　"循环播放，直到停止"复选框：选中该复选框，在放映幻灯片的过程中会自动循环播放，直到放映下一张幻灯片或停止放映为止。

电脑基础知识

系统常用操作

Word 办公入门

Word 图文排版

Excel 表格制作

Excel 数据管理

PPT 演示制作

Office 办公案例

办公辅助软件

电脑办公设备

电脑办公网络

电脑安全维护

7.4.3 插入影片文件

在 PowerPoint 2016 中可以插入几十种格式的视频格式,而且视频的格式会随着媒体播放器的不同而有所不同。插入影片文件的具体操作步骤如下:

1. 单击快速访问工具栏上的"打开"按钮,打开一个演示文稿,如图 7-55 所示。

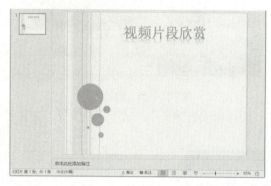

图 7-55 打开演示文稿

2. 切换至"插入"选项卡,单击"媒体"选项组中的"视频"下拉按钮,从弹出的列表框中选择"PC 上的视频"选项,如图 7-56 所示。

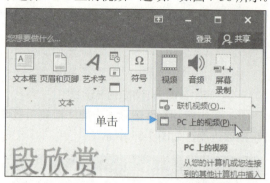

图 7-56 选择"PC 上的视频"选项

3. 弹出"插入视频文件"对话框,在其中选择所需的视频文件,如图 7-57 所示。

图 7-57 选择视频文件

4. 单击"插入"按钮,即可将视频插入幻灯片中,并调整位置和大小,如图 7-58 所示。

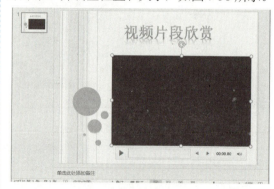

图 7-58 插入视频文件

5. 单击视频下方的"播放"按钮,即可播放视频文件,并显示视频播放进度,如图 7-59 所示。

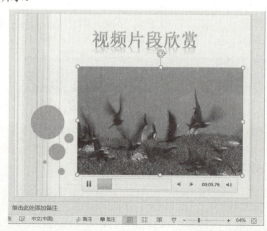

图 7-59 播放视频文件

7.4.4　插入超链接

为了使幻灯片之间的联系更为紧密、操作更方便，可以在幻灯片中插入超链接。超链接是一种非常有用的切换方式，它可以在不连续幻灯片之间进行跳转。插入超链接的具体操作步骤如下：

1. 单击快速访问工具栏上的"打开"按钮，打开一个演示文稿，如图 7-60 所示。

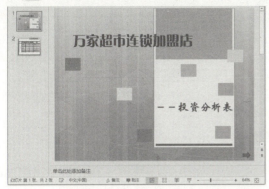

图 7-60　打开演示文稿

2. 选择第一张幻灯片，在幻灯片右下角选择需要设置超链接的图形对象，如图 7-61 所示。

图 7-61　选择需要设置超链接的图形

3. 切换至"插入"选项卡，单击"链接"选项组中的"超链接"按钮，如图 7-62 所示。

图 7-62　单击"超链接"按钮

4. 弹出"插入超链接"对话框，在"链接到"选项区中选择"本文档中的位置"选项，在"请选择文档中的位置"列表框中选择"下一张幻灯片"选项，如图 7-63 所示。

图 7-63　选择"下一张幻灯片"选项

5. 单击"确定"按钮，即可设置图形的超链接效果，单击状态栏上的"幻灯片放映"按钮，如图 7-64 所示。

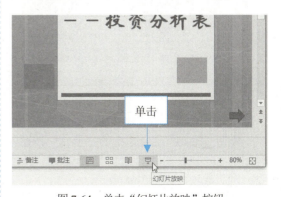

图 7-64　单击"幻灯片放映"按钮

电脑基础知识

系统常用操作

Word 办公入门

Word 图文排版

Excel 表格制作

Excel 数据管理

PPT 演示制作

Office 办公案例

办公辅助软件

电脑办公设备

电脑办公网络

电脑安全维护

电脑基础知识

系统常用操作

Word办公入门

Word图文排版

Excel表格制作

Excel数据管理

PPT演示制作

Office办公案例

办公辅助软件

电脑办公设备

电脑办公网络

电脑安全维护

6. 进入幻灯片放映视图，将鼠标指针移至幻灯片中的图形上，鼠标指针呈小手形状![手形图标]，如图7-65所示。

7. 单击鼠标左键，即可跳转至下一张幻灯片，如图7-66所示。

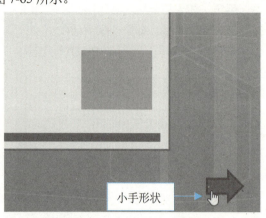

图7-65　鼠标指针呈小手形状

图7-66　跳转至下一张幻灯片

知识链接

在PowerPoint 2016中，能作为超链接的对象很多，包括文本、自选图形和图片等，可以利用动作按钮来创建超链接，PowerPoint带有一些已制作好的动作按钮，可以将这些动作按钮插入到文稿并为之定义超链接。

7.4.5　插入动作按钮

在幻灯片中，除了可以插入超链接以外，还可以插入动作按钮来实现幻灯片之间的切换，这在实际制作幻灯片时经常用到，特别是进行逐页式的讲解时。插入动作按钮的具体操作步骤如下：

1. 单击快速访问工具栏上的"打开"按钮，打开一个演示文稿，如图7-67所示。

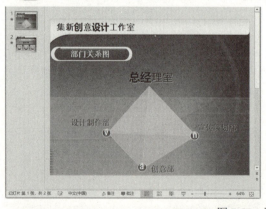

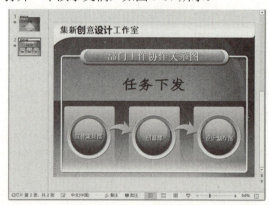

图7-67　打开演示文稿

2. 选择第一张幻灯片，切换至"插入"选项卡，单击"插图"选项组中的"形状"按钮，在弹出的下拉列表框中，选择"动作按钮：前进或下一项"选项，如图7-68所示。

3. 在幻灯片右下角拖动鼠标，绘制一个动作按钮，释放鼠标后，弹出"操作设置"对话框，默认超链接为"下一张幻灯片"，如图7-69所示。

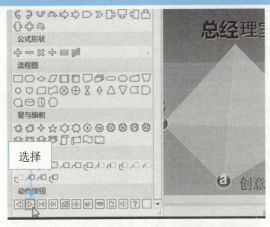

图 7-68　选择"动作按钮：前进或下一项"选项

图 7-69　"操作设置"对话框

4. 单击"确定"按钮，完成动作按钮的插入，如图 7-70 所示。

5. 按【F5】键，进入幻灯片放映视图，将鼠标指针移至动作按钮上，鼠标指针呈小手形状🖑，如图 7-71 所示。

图 7-70　插入动作按钮

图 7-71　鼠标呈小手形状

6. 单击动作按钮，即可跳转至下一张幻灯片。

专家提醒

　　如果在"操作设置"对话框中选中"无动作"单选按钮，将不设置任何动作或者超链接。

7.5　设置幻灯片版式效果

　　版式是定义幻灯片上待显示内容的位置信息和幻灯片母版的组成部分。PowerPoint 2016 提供了多种主题模板，并为每种设计模板提供了几十种内置的主题颜色，用户可以根据需要选择不同的主题，并设置不同的颜色。同时，用户还可以利用母版快速设置版式效果。

扫码观看本节视频

7.5.1　设置幻灯片主题

　　幻灯片主题是一组统一的设计元素，包括统一的主题颜色、字体和效果等。通过应用主题模板，用户可以快速而轻松地设置整个文档的外观效果，设置幻灯片主题的具体操作步骤如下：

电脑基础知识

系统常用操作

Word办公入门

Word图文排版

Excel表格制作

Excel数据管理

PPT演示制作

Office办公案例

办公辅助软件

电脑办公设备

电脑办公网络

电脑安全维护

1. 单击快速访问工具栏上的"打开"按钮，打开一个演示文稿，如图 7-72 所示。

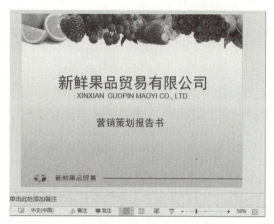

图 7-72　打开演示文稿

3. 单击"自定义"选项组中的"设置背景格式"按钮，在弹出的"设置背景格式"窗格中选中"渐变填充"单选按钮，如图 7-74 所示。

图 7-74　选中"渐变填充"单选按钮

2. 切换至"设计"选项卡，单击"主题"选项组中的"其他"按钮▾，在弹出的下拉列表框中选择"平面"选项，如图 7-73 所示。

图 7-73　选择"平面"选项

4. 执行上述操作后，即可应用所设置的幻灯片主题，如图 7-75 所示。

图 7-75　设置幻灯片主题

知识链接

在"设计"选项卡的"主题"选项组中，单击右侧的"其他"按钮▾，在弹出的下拉列表框中选择"保存当前主题"选项，可以对当前使用的主题效果进行保存。

7.5.2　进入幻灯片母版视图

在 PowerPoint 2016 中提供了幻灯片母版、讲义母版和备注母版 3 种。母版控制演示文稿中的每个部件（如字体、字形和背景对象等）的形态。进入幻灯片母版视图的具体操作步骤如下：

1. 单击快速访问工具栏上的"新建"按钮，新建一个演示文稿，切换至"视图"选项卡，单击"母版视图"选项组中的"幻灯片母版"按钮，如图 7-76 所示。

2. 即可进入幻灯片母版视图，选择第一张幻灯片，将光标定位于占位符中，输入相应的文本内容，如图 7-77 所示。

左侧边栏导航：电脑基础知识　系统常用操作　Word办公入门　Word图文排版　Excel表格制作　Excel数据管理　PPT演示制作　Office办公案例　办公辅助软件　电脑办公设备　电脑办公网络　电脑安全维护

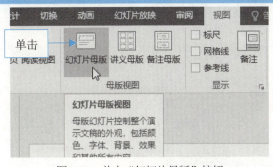

图 7-76　单击"幻灯片母版"按钮

图 7-77　输入文本内容

7.6　设置幻灯片放映

在 PowerPoint 2016 中，用户可以为幻灯片中的所有对象（如标题、文本和图片等）添加动画效果，制作出具有动感效果的演示文稿，从而提高演示文稿的趣味性。还可以设置切换效果和放映方式，以达到想要的放映效果。

扫码观看本节视频

7.6.1　自定义动画效果

自定义动画能使幻灯片上的文本、形状、声音、图像、图表和其他对象具有动画效果，可以突出重点、控制信息的流程。自定义动画效果的具体操作步骤如下：

1 单击快速访问工具栏上的"打开"按钮，打开一个演示文稿，如图 7-78 所示。

2 在幻灯片中选择需要设置动画效果的文本对象，如图 7-79 所示。

图 7-78　打开演示文稿

图 7-79　选择需要设置动画的文本

3 切换至"动画"选项卡，单击"高级动画"选项组中的"添加动画"按钮，在弹出的列表框中选择"进入"选项区中的"劈裂"选项，如图 7-80 所示。

4 执行操作后，即可添加进入动画，在幻灯片中的文本对象旁边，将显示数字 1，表示添加的第一个进入动画，如图 7-81 所示。

图 7-80　选择"劈裂"选项

图 7-81　显示数字 1

电脑基础知识

系统常用操作

Word办公入门

Word图文排版

Excel表格制作

Excel数据管理

PPT演示制作

Office办公案例

办公辅助软件

电脑办公设备

电脑办公网络

电脑安全维护

5 单击状态栏上的"幻灯片放映"按钮 ，进入幻灯片放映视图，预览文本对象的进入动画效果，如图 7-82 所示。

图 7-82　预览文本对象的进入动画效果

知识链接

在 PowerPoint 2016 中，不仅可以设置进入动画，用户还可以根据需要，设置强调动画、退出动画和动作路径等效果。

7.6.2　设置切换效果

在 PowerPoint 2016 中，幻灯片中最基本的放映方式是一张接一张地放映。此外，程序还预定义了很多种幻灯片的切换效果，用户可以为每张幻灯片设置切换效果，使幻灯片之间的切换带有独特的效果。设置切换效果的具体操作步骤如下：

1 单击快速访问工具栏上的"打开"按钮，打开一个演示文稿，如图 7-83 所示。

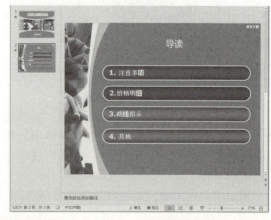

图 7-83　打开演示文稿

2 选择第一张幻灯片，切换至"切换"选项卡，单击"切换到此幻灯片"选项组中的"其他"按钮，在弹出的列表框中，选择"库"选项，如图 7-84 所示。

3 在"切换"选项卡的"计时"选项组中，选中"设置自动换片时间"复选框，在右侧设置时间为 00：00.07，如图 7-85 所示。

图 7-84　选择"库"选项

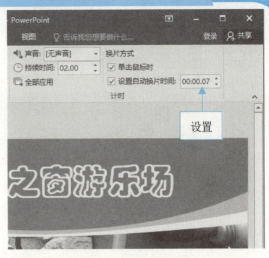

图 7-85　设置自动换片时间

4. 用与上述相同的方法，为第 2 张幻灯片设置所需的切换方式与自动换片时间，单击状态栏上的"幻灯片放映"按钮，进入幻灯片放映视图，预览切换效果，如图 7-86 所示。

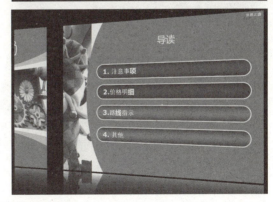

图 7-86　预览切换效果

7.6.3　设置放映方式

默认情况下，PowerPoint 2016 会按照预设的演讲者放映方式来放映幻灯片，放映过程需要人工控制。此外，还有观众自行浏览和展台浏览两种放映方式。设置放映方式的具体操作步骤如下：

1. 单击快速访问工具栏上的"打开"按钮，打开一个演示文稿，如图 7-87 所示。

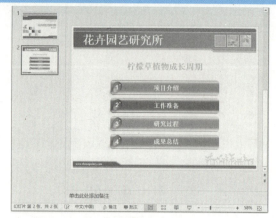

图 7-87　打开演示文稿

2 切换至"幻灯片放映"选项卡，单击"设置"选项组中的"设置幻灯片放映"按钮，如图 7-88 所示。

3 弹出"设置放映方式"对话框，依次选中"观众自行浏览（窗口）"单选按钮和"循环放映，按 ESC 键终止"复选框，如图 7-89 所示。

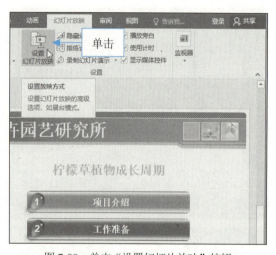

图 7-88　单击"设置幻灯片放映"按钮

图 7-89　设置放映方式

4 设置完成后，单击"确定"按钮，即可完成放映方式的设置。

专 家 提 醒

　　在"设置放映方式"对话框中，用户可以根据需要，对其他参数进行相应设置，例如，可以在"放映幻灯片"选项区中选择"从"单选按钮，自行设置需要放映的幻灯片。

7.7　输出和打印文稿

　　在 PowerPoint 2016 中，提供了多种保存和输出演示文稿的方法，用户可以将制作的演示文稿输出为多种形式，以方便其他用户的电脑在没有 PowerPoint 2016 的情况下，也能预览到幻灯片的效果。同时还可以对演示文稿进行打印，方便用户使用。

扫码观看本节视频

7.7.1　发布演示文稿

在发布内容相同的幻灯片时，有些幻灯片的内容需要在几篇或者多个演示文稿中出现，可以将常用的幻灯片发布到幻灯片库中，需要时直接调用。发布演示文稿的具体操作步骤如下：

1. 单击快速访问工具栏上的"打开"按钮，打开一个演示文稿，如图 7-90 所示。

 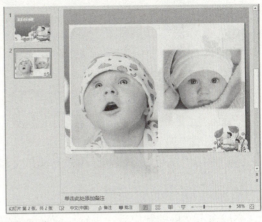

图 7-90　打开演示文稿

2. 单击"文件"菜单，在弹出的面板中单击"共享"选项，打开"共享"界面，在中间窗格选择"发布幻灯片"选项，如图 7-91 所示。

3. 在"发布幻灯片"选项区中，单击"发布幻灯片"按钮，如图 7-92 所示。

图 7-91　选择"发布幻灯片"选项

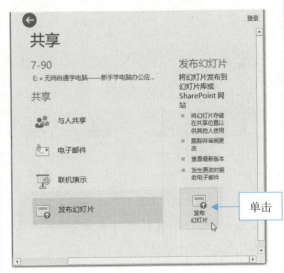

图 7-92　单击"发布幻灯片"按钮

知识链接

在"共享"界面中，系统提供了多种共享方式，用户可以根据需要进行相应的选择，如与人共享、电子邮件和联机演示。

4. 弹出"发布幻灯片"对话框，单击"浏览"按钮，弹出"选择幻灯片库"对话框，选择幻灯片库的路径，如图 7-93 所示。

5. 单击"选择"按钮，返回"发布幻灯片"对话框，显示文件夹路径，选中需要发布的幻灯片前面的复选框，如图 7-94 所示。

电脑基础知识

系统常用操作

Word 办公入门

Word 图文排版

Excel 表格制作

Excel 数据管理

PPT 演示制作

Office 办公案例

办公辅助软件

电脑办公设备

电脑办公网络

电脑安全维护

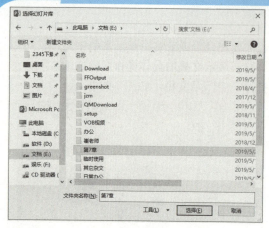

图 7-93　设置幻灯片库路径

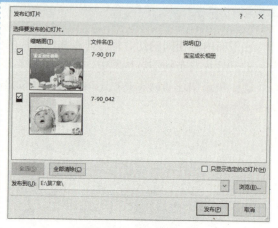

图 7-94　选中相应复选框

6. 单击"发布"按钮，即可发布演示文稿。

7.7.2　打印演示文稿

完成演示文稿的制作后，进行相应页面设置，在安装了打印机的情况下，即可直接进行打印。打印演示文稿的具体操作步骤如下：

1. 单击快速访问工具栏上的"打开"按钮，打开一个演示文稿，如图 7-95 所示。

2. 单击"文件"菜单，在弹出的面板中单击"打印"选项，打开"打印"界面，单击中间窗格的"打印"按钮，如图 7-96 所示，即可打印演示文稿。

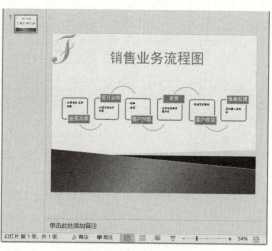

图 7-95　打开演示文稿

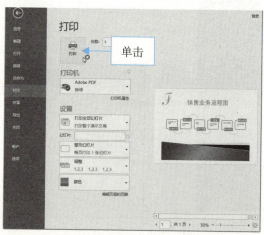

图 7-96　单击"打印"按钮

第8章　Office 2016办公案例

本章将在前面学习的基础上，结合实例学习 Office 2016 中三款常用软件的实际应用，分别举例进行详细讲解其过程，更深层地讲解其强大的功能性，让用户快速掌握并精通应用。

8.1　使用 Word 制作会议通知

扫码观看本节视频

会议通知是通知有关单位或个人参加某种会议的一种应用文。通常需要说明什么时间、什么地点和召开什么会议等内容，要求语言准确、具体、简明。下面将介绍会议通知的制作过程。

8.1.1　输入文本内容

输入文本内容的具体操作步骤如下：

1 启动 Word 2016 应用程序，切换至"布局"选项卡，单击"页面设置"选项组中的设置按钮，如图 8-1 所示。

2 弹出"页面设置"对话框，在"页边距"选项卡的"纸张方向"选项区中，设置方向为"横向"，如图 8-2 所示。

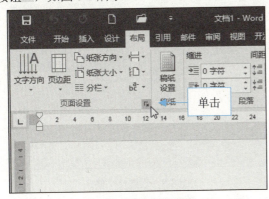

图 8-1　单击设置按钮

图 8-2　设置纸张方向

3 单击"确定"按钮，应用所设置的纸张方向，如图 8-3 所示。

4 在文档编辑区输入所需的文本内容，如图 8-4 所示。

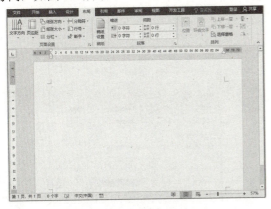

图 8-3　应用纸张方向

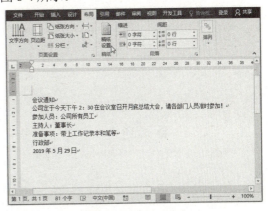

图 8-4　输入文本内容

电脑基础知识

系统常用操作

Word办公入门

Word图文排版

Excel表格制作

Excel数据管理

PPT演示制作

Office办公案例

办公辅助软件

电脑办公设备

电脑办公网络

电脑安全维护

8.1.2　设置文档格式

设置文档格式的具体操作步骤如下：

1.　选择"会议通知"文本，单击"开始" |"字体"选项组的"字体"下拉按钮，在弹出的下拉列表框中，选择"华文新魏"选项，如图8-5所示。

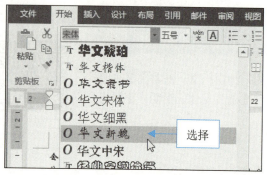

图8-5　选择"华文新魏"选项

2.　单击"字号"下拉按钮，在弹出的下拉列表框中，选择"初号"选项，如图8-6所示。

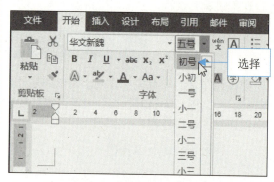

图8-6　选择"初号"选项

3.　单击"段落"选项组中的"居中"按钮，如图8-7所示。

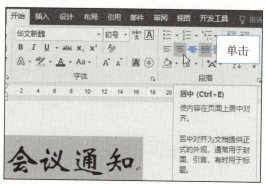

图8-7　单击"居中"按钮

4.　完成"会议通知"文本格式的设置，如图8-8所示。

图8-8　设置文字格式

5.　用与上述相同的方法，设置正文内容文字大小为"二号"字体，并单击"段落"选项组中的设置按钮，如图8-9所示。

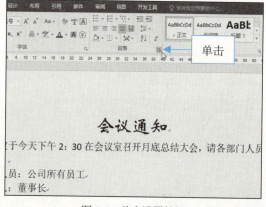

图8-9　单击设置按钮

6.　弹出"段落"对话框，设置"特殊格式"为"首行缩进""行距"为"2倍行距"，如图8-10所示。

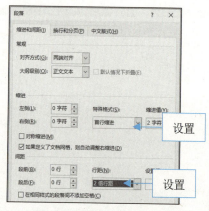

图8-10　"段落"对话框

7 单击"确定"按钮，即可应用设置的段落格式，如图 8-11 所示。

8 设置落款文本格式为"黑体"、"二号"、"右对齐"，如图 8-12 所示。

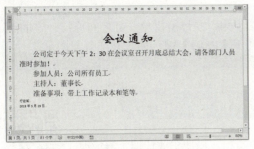

图 8-11　设置段落格式

图 8-12　设置落款文字格式

8.1.3　设置页面背景

设置页面背景的具体操作步骤如下：

1 切换至"设计"选项卡，单击"页面背景"选项组中的"页面颜色"按钮，如图 8-13 所示。

2 在弹出的列表框中，选择"填充效果"选项，如图 8-14 所示。

图 8-13　单击"页面颜色"按钮

图 8-14　选择"填充效果"选项

3 弹出"填充效果"对话框，切换至"纹理"选项卡，在"纹理"列表框中，选择"羊皮纸"选项，如图 8-15 所示。

4 单击"确定"按钮，完成页面背景的设置。调整落款与正文之间的距离，完成使用 Word 制作会议通知，如图 8-16 所示。

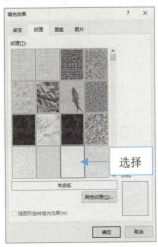

图 8-15　选择"羊皮纸"选项

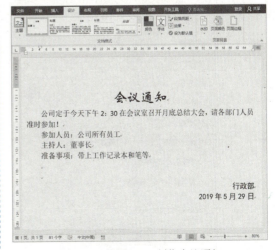

图 8-16　使用 Word 制作会议通知

电脑基础知识

系统常用操作

Word办公入门

Word图文排版

Excel表格制作

Excel数据管理

PPT演示制作

Office办公案例

办公辅助软件

电脑办公设备

电脑办公网络

电脑安全维护

知识链接

> 通常，通知的落款需要放置在文档的右下角，并且需要与正文之间保持一定的距离。此时的距离比较随意，用户只需要按几下【Enter】键，插入几个空行即可。

8.2　使用 Word 制作个人简历

个人简历是应聘时经常需要进行填写的个人基本资料，以便企业快速了解情况的一种表格式文档。要求全面地概括个人基本信息，同时简洁明了。下面将介绍个人简历的制作过程。

扫码观看本节视频

8.2.1　制作表格框架

制作表格框架的具体操作步骤如下：

1. 新建一个 Word 文档，在光标处输入"个人简历"文字，按【Enter】键换行，选择输入的文字，设置"字体"为"黑体""字号"为"小二"，并单击"段落"选项组中的"居中"按钮，让文字居中，如图 8-17 所示。

2. 将光标定位在第二行，指定插入表格的位置，切换至"插入"选项卡，单击"表格"选项组中的"表格"按钮，在弹出的列表框中，选择"插入表格"选项，如图 8-18 所示。

图 8-17　输入文字并设置格式

图 8-18　选择"插入表格"选项

3. 弹出"插入表格"对话框，设置"列数"为 4、"行数"为 22，如图 8-19 所示。

4. 单击"确定"按钮，即可在文档中插入表格，如图 8-20 所示。

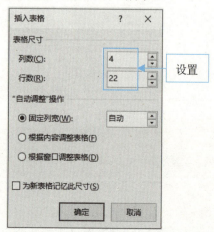

图 8-19　设置参数

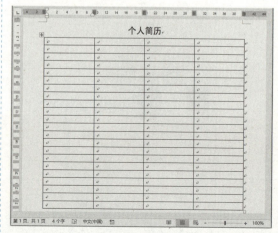

图 8-20　插入表格

5. 选择一种合适的输入法，在表格内输入相应文本内容，如图 8-21 所示。

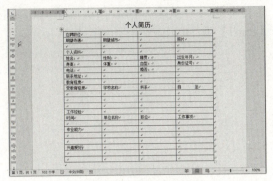

图 8-21　输入文本内容

7. 此时，鼠标指针呈铅笔形状，在表格的"自"和"至"文字间按住鼠标左键，并向下拖曳，如图 8-23 所示。

图 8-23　按住鼠标左键并拖曳

6. 切换至"插入"选项卡，单击"表格"选项组中的"表格"按钮，在弹出的列表框中，选择"绘制表格"选项，如图 8-22 所示。

图 8-22　选择"绘制表格"选项

8. 至合适位置后，释放鼠标左键，即可绘制竖线，如图 8-24 所示。

图 8-24　绘制竖线

8.2.2　设置表格属性

设置表格属性的具体操作步骤如下：

1. 在表格中选择第 1 行中第 1 至 3 列的单元格，切换至"表格工具-布局"选项卡，单击"合并"选项组中的"合并单元格"按钮，合并所选择的单元格，如图 8-25 所示。

图 8-25　合并单元格

2. 用与上述相同的方法，合并其他单元格，选择"照片"文字，单击"对齐方式"选项组中的"水平居中"按钮，设置居中效果，如图 8-26 所示。

图 8-26　合并单元格并设置文字居中

电脑基础知识

系统常用操作

Word办公入门

Word图文排版

Excel表格制作

Excel数据管理

PPT演示制作

Office办公案例

办公辅助软件

电脑办公设备

电脑办公网络

电脑安全维护

③ 选择整个表格，单击鼠标右键，在弹出的快捷菜单中，选择"表格属性"选项，弹出"表格属性"对话框，切换至"行"选项卡，选中"指定高度"复选框，在右侧的数值框中输入"1 厘米"，如图 8-27 所示。

④ 单击"确定"按钮，即可设置表格行高为 1 厘米，在"表格工具-布局"选项卡的"对齐方式"选项组中，单击相应的对齐方式按钮，设置文本的对齐效果，然后在相应单元格中按【Enter】键，添加空白行，如图 8-28 所示。

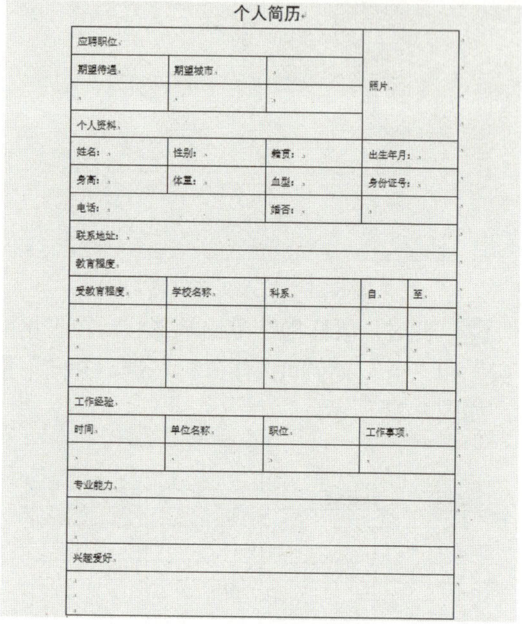

图 8-27　设置参数

图 8-28　设置表格行高

⑤ 选择整个表格，在"开始"|"段落"选项组中单击"边框"下拉按钮，在弹出的列表框中选择"边框和底纹"选项，弹出"边框和底纹"选项卡，设置相应边框样式和颜色，如图 8-29 所示。

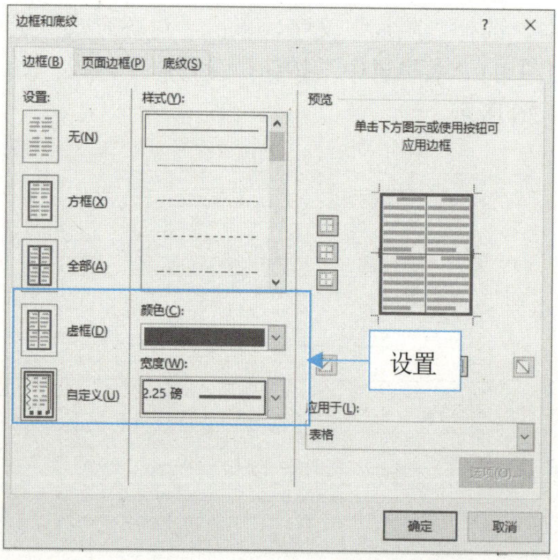

⑥ 单击"确定"按钮，即可应用所设置的边框样式和颜色，效果如图 8-30 所示。

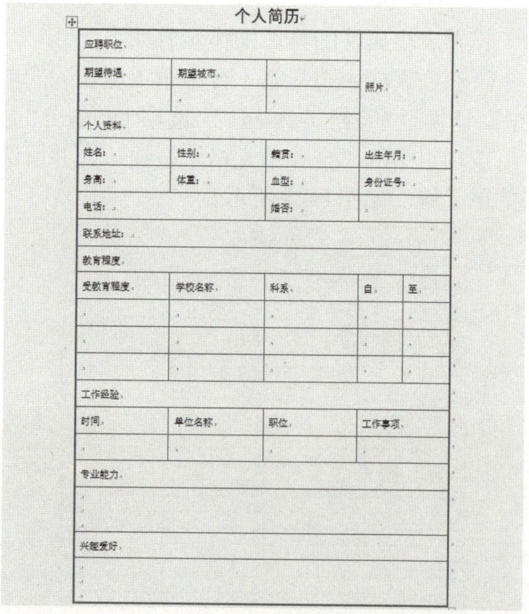

图 8-29　设置边框效果

图 8-30　设置边框样式和颜色

7 选择第 4 行单元格，打开"边框和底纹"对话框，切换至"底纹"选项卡，设置底纹颜色为"浅绿"，单击"确定"按钮，应用所设置的表格底纹效果，如图 8-31 所示。

8 用与上述相同的方法，设置其他单元格中的底纹效果，效果如图 8-32 所示。

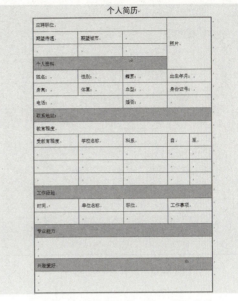

图 8-31　设置表格底纹效果　　　　图 8-32　设置其他单元格的底纹效果

8.2.3　美化个人简历

美化个人简历的具体操作步骤如下：

1 切换至"插入"选项卡，单击"页眉和页脚"选项组中的"页眉"下拉按钮，在弹出的列表框中，选择"编辑页眉"选项，进入页眉编辑模式，切换至"页眉和页脚工具-设计"选项卡，单击"插入"选项组中的"图片"按钮，如图 8-33 所示。

2 弹出"插入图片"对话框，在其中选择需要插入的素材图片，单击"插入"按钮，即可将图片插入到文档中，在图片上单击鼠标右键，在弹出的快捷菜单中，选择"环绕文字"|"浮于文字上方"选项，如图 8-34 所示。

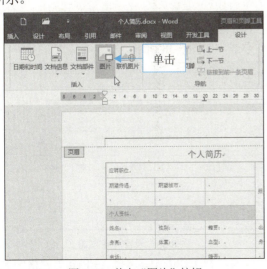

图 8-33　单击"图片"按钮

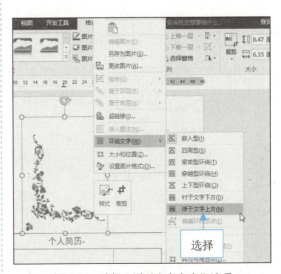

图 8-34　选择"浮于文字上方"选项

3 设置图片环绕方式，旋转图片，并将其移至左上角合适位置，如图 8-35 所示。用与上述相同的方法，复制、旋转并移动所选图片。

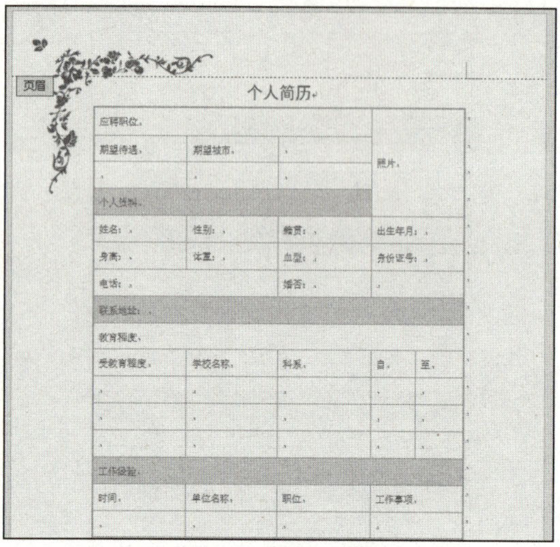

图 8-35　旋转并移动图片

4 设置页眉和页脚后，单击“页眉和页脚工具-设计”选项卡“关闭”选项组中的“关闭页眉和页脚”按钮，完成个人简历的制作，如图 8-36 所示。

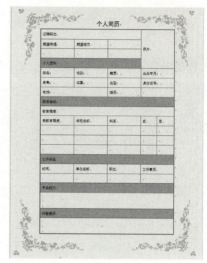

图 8-36　制作个人简历

8.3　使用 Excel 制作转账凭证

对于企业来说，财务会计是最重要的职务之一，而在企业日常财务管理中，会计经常需要制作转账凭证、借款单以及加班工资表等。下面将介绍转账凭证的制作过程。

扫码观看本节视频

8.3.1　设置表格格式

设置表格格式的具体操作步骤如下：

1 启动 Excel 2016 应用程序，选择一种输入法，在表格单元中输入相应文本内容，如图 8-37 所示。

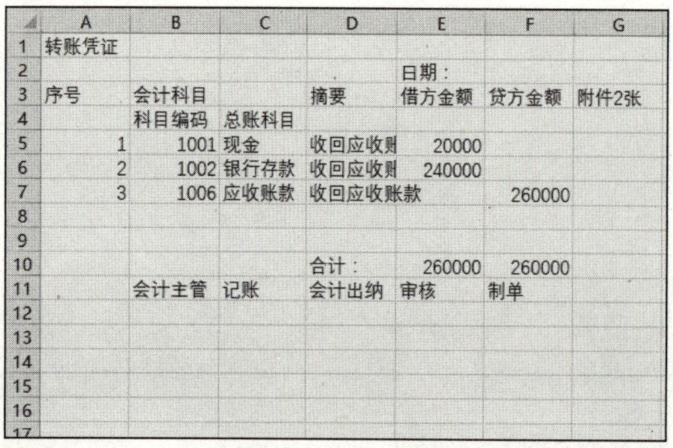

	A	B	C	D	E	F	G
1	转账凭证						
2					日期：		
3	序号	会计科目		摘要	借方金额	贷方金额	附件2张
4		科目编码	总账科目				
5	1	1001	现金	收回应收账	20000		
6	2	1002	银行存款	收回应收账	240000		
7	3	1006	应收账款	收回应收账款		260000	
8							
9							
10				合计：	260000	260000	
11		会计主管	记账	会计出纳	审核	制单	
12							
13							
14							
15							
16							

图 8-37　输入文字

2 选择 A1:F1 单元格区域，设置“字体”为“黑体”“字号”为 16，单击“开始”|“对齐方式”选项组中的“合并后居中”按钮，设置对齐方式，如图 8-38 所示。

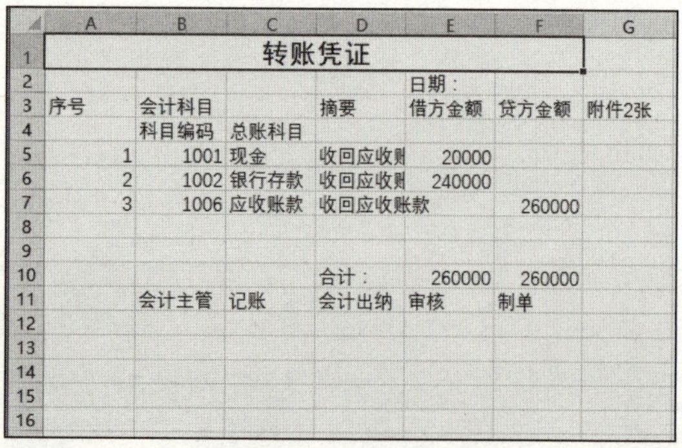

	A	B	C	D	E	F	G
1	转账凭证						
2					日期：		
3	序号	会计科目		摘要	借方金额	贷方金额	附件2张
4		科目编码	总账科目				
5	1	1001	现金	收回应收账	20000		
6	2	1002	银行存款	收回应收账	240000		
7	3	1006	应收账款	收回应收账款		260000	
8							
9							
10				合计：	260000	260000	
11		会计主管	记账	会计出纳	审核	制单	
12							
13							
14							
15							
16							

图 8-38　设置对齐方式

3 用与上述相同的方法，合并其他单元格，然后设置字体和对齐方式，如图 8-39 所示。

4 在工作表中，选择 A3:F10 单元格区域，如图 8-40 所示。

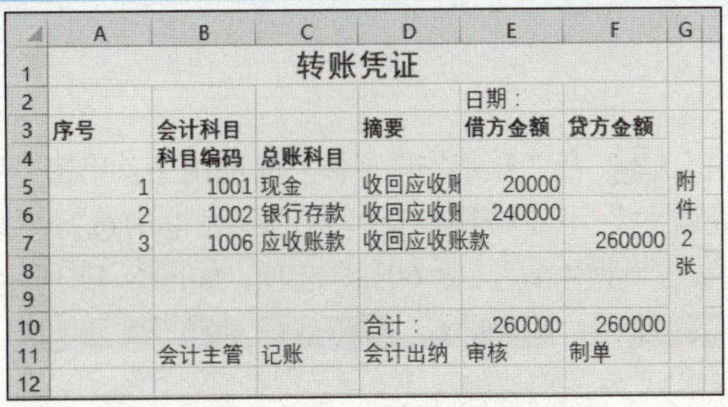

图 8-39　设置其他单元格格式

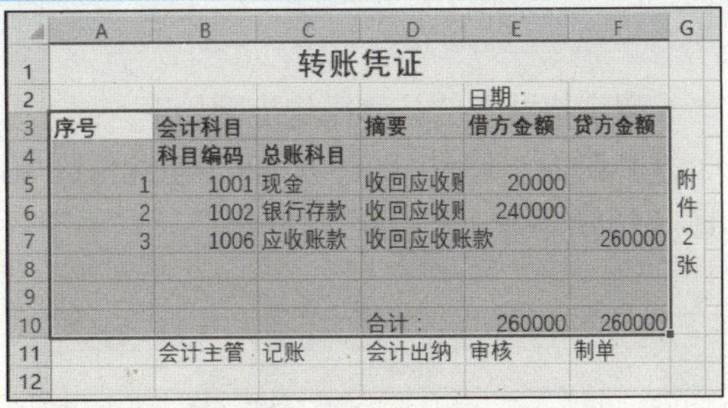

图 8-40　选择单元格区域

5. 在"开始"|"字体"选项组中，单击"边框"下拉按钮，在弹出的列表框中，选择"所有框线"选项设置边框，如图 8-41 所示。

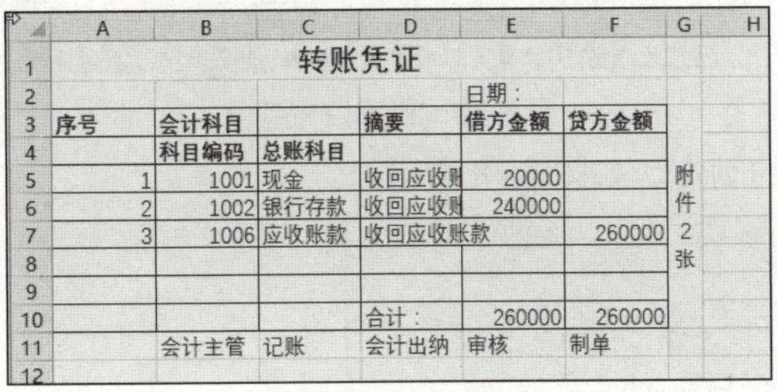

6. 在 F2 单元格内，输入公式=TODAY（），按【Enter】键确认，即可显示当前日期，如图 8-42 所示。

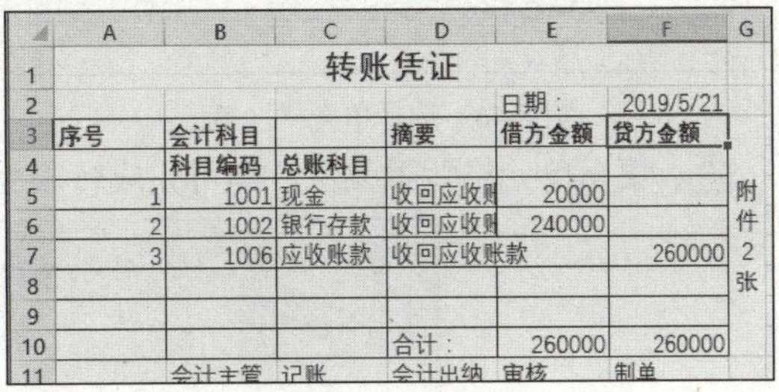

图 8-41　设置边框

图 8-42　输入公式

7. 选择 E5:F10 单元格区域，在"开始"选项卡的"数字"选项组中，单击设置按钮，如图 8-43 所示。

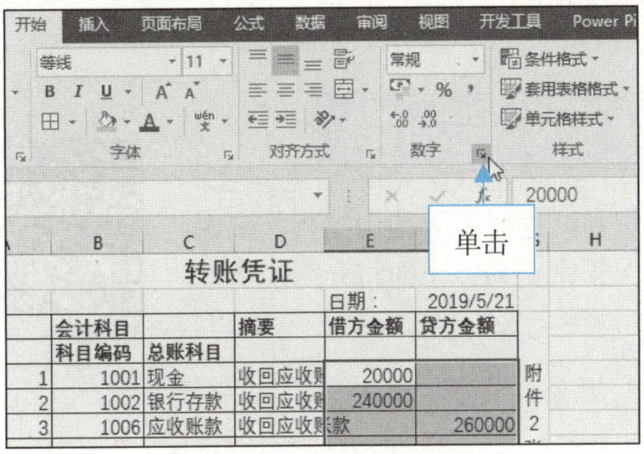

8. 弹出"设置单元格格式"对话框，在"数字"选项卡中，设置"分类"为"数值""小数"为 2，如图 8-44 所示。

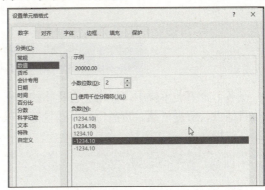

图 8-43　单击设置按钮

图 8-44　"设置单元格格式"对话框

9. 单击"确定"按钮，即可应用所设置的数字格式，如图 8-45 所示。

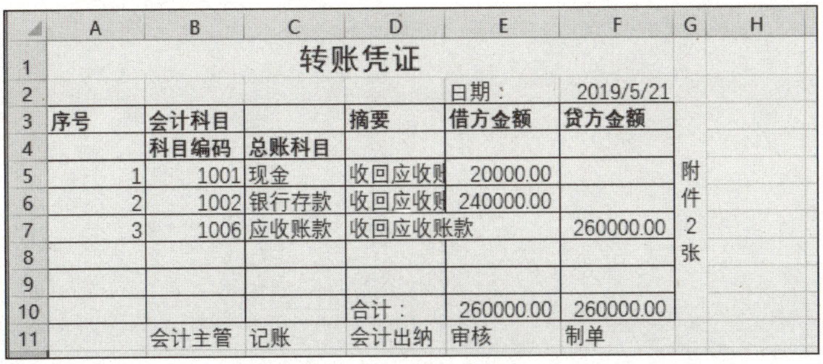

图 8-45　设置数字格式

电脑基础知识

系统常用操作

Word办公入门

Word图文排版

Excel表格制作

Excel数据管理

PPT演示制作

Office办公案例

办公辅助软件

电脑办公设备

电脑办公网络

电脑安全维护

8.3.2 设置表格背景

设置表格背景的具体操作步骤如下：

1 在工作表中，选择 A1:G11 单元格区域，如图 8-46 所示。

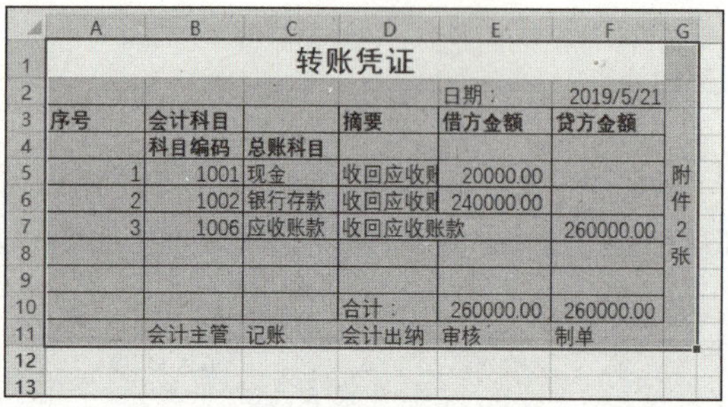

2 在"开始"|"字体"选项组中，单击"填充颜色"下拉按钮，在弹出的列表框中选择"绿色，个性色 6，淡色 60%"选项，如图 8-47 所示。

图 8-46　选择单元格区域

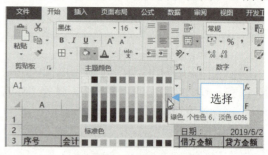

图 8-47　设置填充颜色

3 填充单元格背景颜色，即可完成转账凭证的制作，如图 8-48 所示。

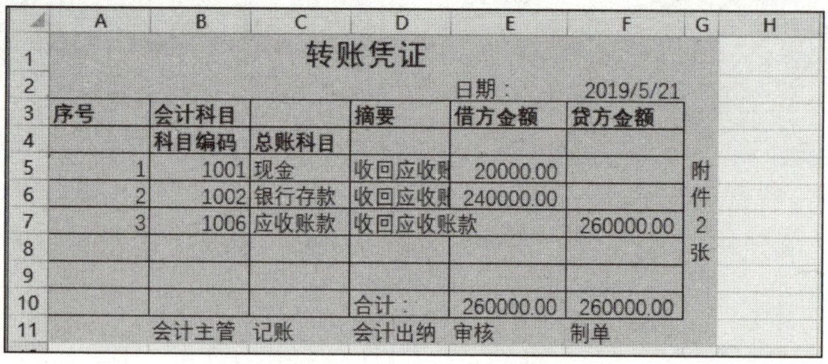

图 8-48　制作转账凭证

8.4　使用 Excel 制作提货单

在各个企事业单位中，经常会有货物的进出口贸易，这时需要使用提货单来说明收货地点、所提货品、货品价格及数量等，以确保正常交易。下面将介绍提货单的制作过程。

扫码观看本节视频

8.4.1 设置文字格式

设置文字格式的具体操作步骤如下：

1 新建一个工作簿，选择一种输入法，在 A1 单元中输入"提货单"内容，如图 8-49 所示。

2 用与上述相同的方法，继续输入其他文本内容，如图 8-50 所示。

图 8-49　输入文字

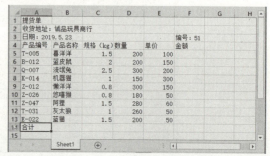

图 8-50　输入其他文本内容

③ 选择 A1:F1 单元格区域，单击"开始"|"对齐方式"选项组中的"合并后居中"按钮，设置对齐方式，并设置"字体"为"黑体""字号"为 24，如图 8-51 所示。

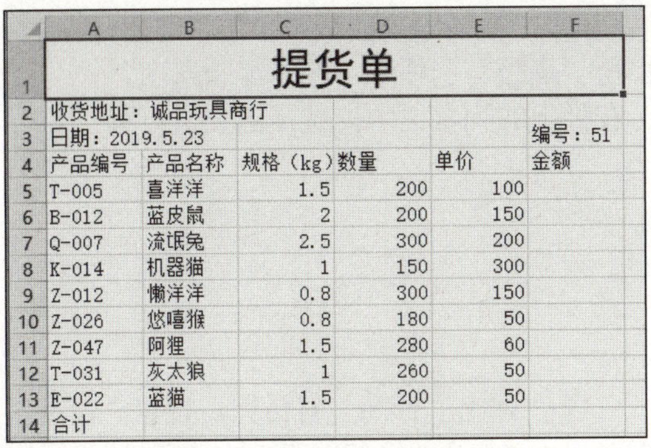

图 8-51 设置对齐方式和字体

④ 选择 A4:F14 单元格区域，单击"对齐方式"选项组中的"居中"按钮，设置居中对齐，并设置"字号"为 12，如图 8-52 所示。

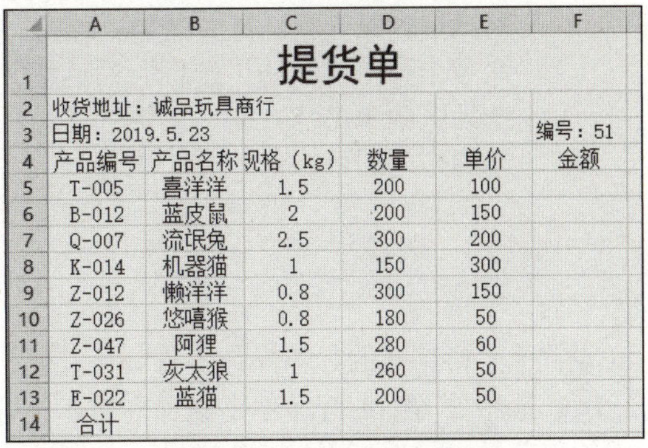

图 8-52 设置居中对齐和字号

⑤ 选择 E5:F14 单元格区域，单击"数字"选项组中"常规"右侧的下拉按钮，在弹出的下拉列表框中，选择"货币"选项，如图 8-53 所示。

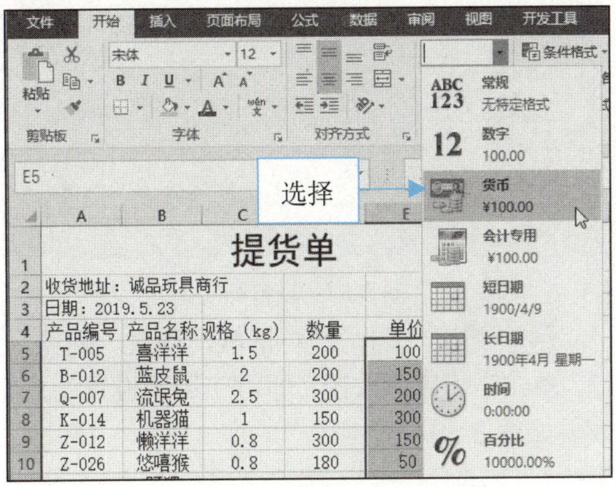

图 8-53 选择"货币"选项

⑥ 选择 C5:C13 单元格区域，单击"数字"选项组中的"增加小数位数"按钮，如图 8-54 所示。

图 8-54 单击"增加小数位数"按钮

⑦ 执行上述操作后，即可应用所设置的文字格式，如图 8-55 所示。

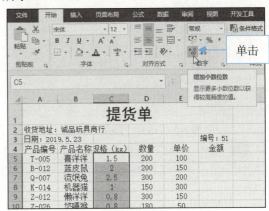

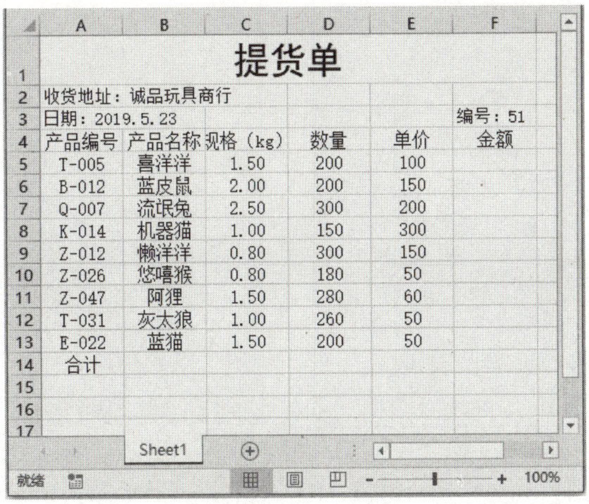

图 8-55 设置文字格式

电脑基础知识

系统常用操作

Word 办公入门

Word 图文排版

Excel 表格制作

Excel 数据管理

PPT 演示制作

Office 办公案例

办公辅助软件

电脑办公设备

电脑办公网络

电脑安全维护

电脑基础知识

系统常用操作

Word办公入门

Word图文排版

Excel表格制作

Excel数据管理

PPT演示制作

Office办公案例

办公辅助软件

电脑办公设备

电脑办公网络

电脑安全维护

专家提醒

　　默认情况下，在单元格中录入数据后，按【Enter】键确认后，会向下移动活动单元格。如果需要，还可以设置按【Enter】键确认后，向上、向左或向右移动活动单元格。其方法是：单击"文件"菜单，在弹出的面板中单击"选项"命令，弹出"Excel 选项"对话框，切换至"高级"选项卡，在"编辑选项"选项区中单击"方向"右侧的下拉按钮，在弹出的列表框中，选择需要进行移动的方向即可。

8.4.2 设置单元格格式

　　设置单元格格式的具体操作步骤如下：

　　1. 选中 2 至 14 行，单击鼠标右键，在弹出的快捷菜单中，选择"行高"选项，如图 8-56 所示。

　　2. 弹出"行高"对话框，设置"行高"为 21，单击"确定"按钮，即可应用所设置的行高，效果如图 8-57 所示。

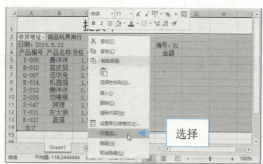

图 8-56　选择"行高"选项

图 8-57　设置行高

　　3. 选中 A 至 F 列，单击鼠标右键，在弹出的快捷菜单中，选择"列宽"选项，如图 8-58 所示。

　　4. 弹出"列宽"对话框，设置"列宽"为 13，单击"确定"按钮，即可应用所设置的列宽，效果如图 8-59 所示。

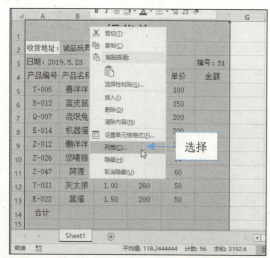

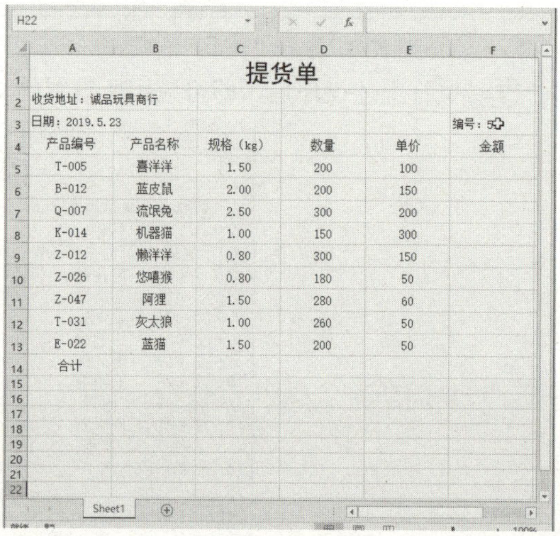

图 8-58　选择"列宽"选项

图 8-59　设置列宽

　　5. 选择 A4:F14 单元格区域，在"字体"选项组中单击"边框"右侧的下拉按钮，在弹出的列表框中选择"所有边框"选项，设置边框，如图 8-60 所示。

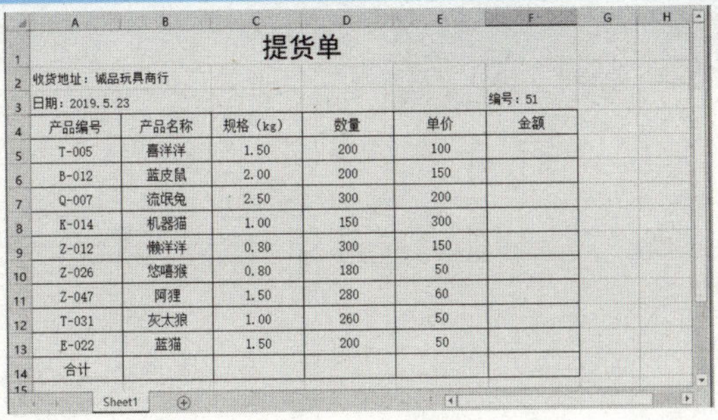

图 8-60 设置边框

8.4.3 运用公式计算

运用公式计算的具体操作步骤如下：

1 选择 F5 单元格，在编辑栏中输入公式 =D5*E5，如图 8-61 所示。

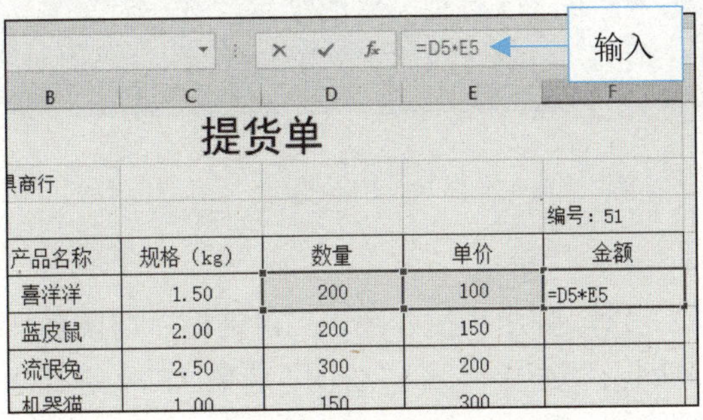

图 8-61 输入公式

2 按【Enter】键确认，即可在 F5 单元格中显示计算结果，如图 8-62 所示。

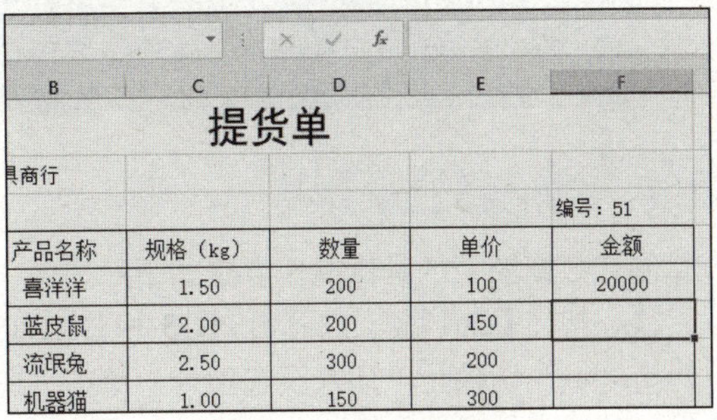

图 8-62 显示计算结果

3 选择 F5 单元格，将鼠标指针移至单元格右下角，此时鼠标指针呈"十"字形状✚，如图 8-63 所示。

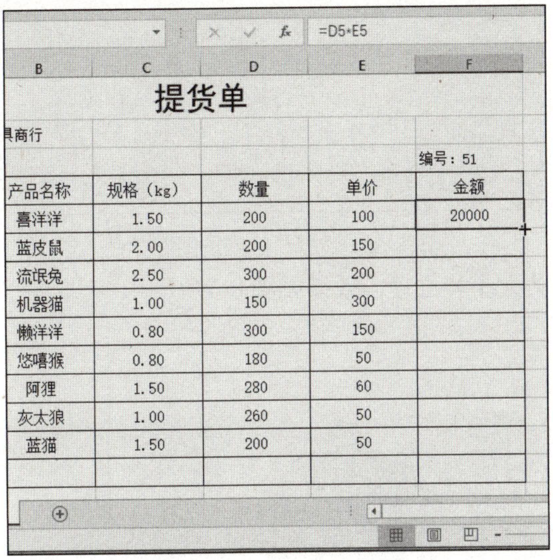

图 8-63 鼠标指针呈"十"字形状

4 按住鼠标左键并向下拖曳，此时表格边框呈选中状态，至 F13 单元格，释放鼠标左键，即可自动填充数据，如图 8-64 所示。

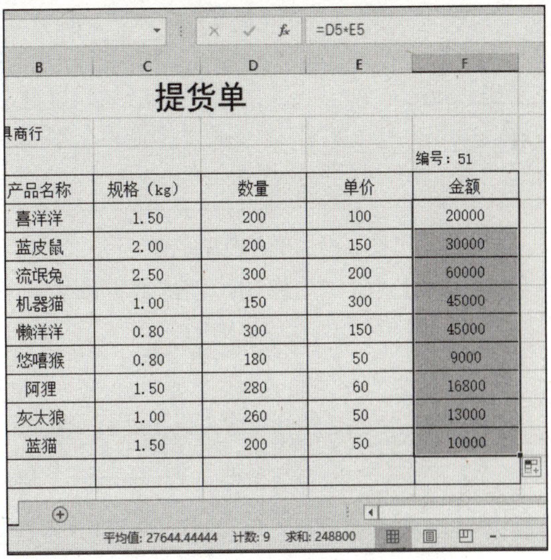

图 8-64 自动填充数据

5 在表格中，选择 C14:F14 单元格区域，单击"开始"|"编辑"选项组中的"求和"按钮，如图 8-65 所示。

6 执行操作后，即可在所选单元格中显示计算结果，效果如图 8-66 所示。

电脑基础知识

系统常用操作

Word办公入门

Word图文排版

Excel表格制作

Excel数据管理

PPT演示制作

Office办公案例

办公辅助软件

电脑办公设备

电脑办公网络

电脑安全维护

电脑基
础知识

系统常
用操作

Word 办
公入门

Word 图
文排版

Excel 表
格制作

Excel 数
据管理

PPT 演
示制作

Office 办
公案例

办公辅
助软件

电脑办
公设备

电脑办
公网络

电脑安
全维护

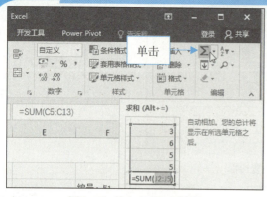

图 8-65 单击"求和"按钮

图 8-66 显示计算结果

知识链接

> 录入相应数据后，通常需要进行各种数学运算，以得到需要的结果，在进行公式计算过程中，*号表示数学运算过程中的×（乘）。

8.4.4 创建数据图表

创建数据图表的具体操作步骤如下：

1. 按住【Ctrl】键，选择 B5:B13 和 D5:D13 单元格区域，切换至"插入"选项卡，单击"图表"选项组中的设置按钮，如图 8-67 所示。

2. 弹出"插入图表"对话框，切换至"所有图表"选项卡，在"饼图"选项区中，选择"三维饼图"样式，如图 8-68 所示。

图 8-67 单击设置按钮

图 8-68 选择"三维饼图"样式

3. 单击"确定"按钮，创建数据图表，调整其大小和位置，效果如图 8-69 所示。

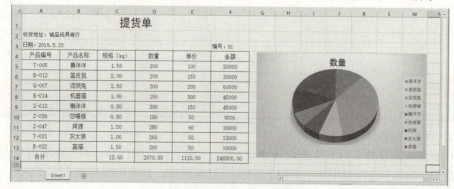

图 8-69 提货单效果

8.5　使用 PowerPoint 制作教学课件

随着科学的不断发展，教师备课、授课无纸化已经是目前教学中的主要形式。利用 PowerPoint 可以制作出富有个性化的界面和动态超链接，使课件图文并茂、生动形象，又能满足教学需求。下面将介绍教学课件的制作过程。

扫码观看本节视频

8.5.1　设置幻灯片样式

设置幻灯片样式的具体操作步骤如下：

1. 启动 PowerPoint 2016 应用程序，在幻灯片中单击鼠标右键，在弹出的快捷菜单中选择"设置背景格式"选项，如图 8-70 所示。

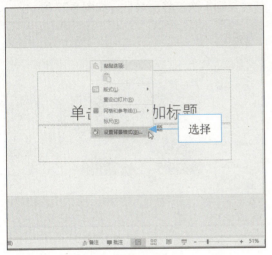

图 8-70　选择"设置背景格式"选项

3. 弹出"插入图片"对话框，在其中选择需要插入的图片，如图 8-72 所示。

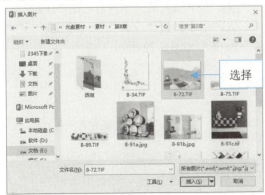

图 8-72　选择需要插入的图片

5. 在"开始"|"幻灯片"选项组中，单击"新建幻灯片"按钮，添加幻灯片，在"插入"|"图像"选项组中，单击"图片"按钮，如图 8-74 所示。

2. 弹出"设置背景格式"窗格，在"填充"选项区中，选中"图片或纹理填充"单选按钮，单击"文件"按钮，如图 8-71 所示。

图 8-71　"设置背景格式"窗格

4. 单击"插入"按钮，然后关闭"设置背景格式"窗格，插入背景图片，如图 8-73 所示。

图 8-73　插入背景图片

6. 弹出"插入图片"对话框，在其中选择需要插入的图片素材，如图 8-75 所示。

电脑基础知识

系统常用操作

Word 办公入门

Word 图文排版

Excel 表格制作

Excel 数据管理

PPT 演示制作

Office 办公案例

办公辅助软件

电脑办公设备

电脑办公网络

电脑安全维护

电脑基础知识

系统常用操作

Word办公入门

Word图文排版

Excel表格制作

Excel数据管理

PPT演示制作

Office办公案例

办公辅助软件

电脑办公设备

电脑办公网络

电脑安全维护

图 8-74　单击"图片"按钮

图 8-75　选择需要插入的图片

7 单击"插入"按钮，插入图片，并调整大小和位置，效果如图 8-76 所示。

8 将第 2 张幻灯片复制三次，将第 1 张幻灯片复制 1 次，移至最后，如图 8-77 所示。

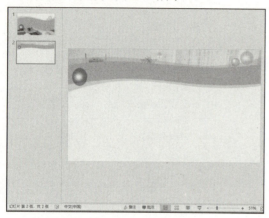

图 8-76　插入图片

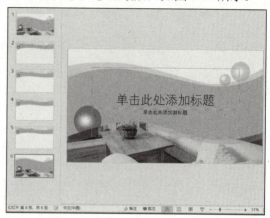

图 8-77　复制幻灯片

8.5.2　制作第 1 张幻灯片

制作第 1 张幻灯片的具体操作步骤如下：

1 进入第 1 张幻灯片，在"单击此处添加标题"文本框中，输入"创意家居设计"文本内容，如图 8-78 所示。

2 选中输入的文本内容，在"开始"|"字体"选项组中设置"字体"为"华文彩云""字号"为 66，如图 8-79 所示。

图 8-78　输入标题文字

图 8-79　设置字体

3 切换至"绘图工具-格式"选项卡，在"艺术字样式"选项组中设置艺术字样式，如图 8-80 所示。

图 8-80　设置艺术字样式

4 执行操作后，将其调整至合适位置，如图 8-81 所示。

图 8-81　调整位置

5 用与上述相同的方法，输入副标题，并设置相应的字体、字号和颜色，如图 8-82 所示。

图 8-82　设置副标题

知识链接

在设置文本框中的文字时，用户可以在选中文本内容后，单击鼠标右键，在弹出的快捷菜单中选择"设置文字效果格式"选项，在弹出的"设置形状格式"窗格中，设置文本填充与轮廓、文字效果以及文本框等。

8.5.3　制作其他幻灯片

制作其他幻灯片的具体操作步骤如下：

1 进入第 2 张幻灯片，插入文本框输入文字，并设置字体大小和颜色，如图 8-83 所示。

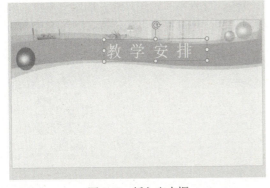

图 8-83　插入文本框

2 切换至"插入"选项卡，插入"菱形"形状，设置样式并调整位置，如图 8-84 所示。

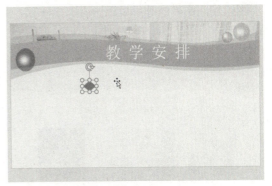

图 8-84　插入"菱形"形状

3. 复制并粘贴该形状，设置所需的样式，并调整至合适位置，如图 8-85 所示。

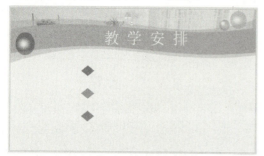

图 8-85　复制粘贴形状

5. 复制并粘贴该形状，设置所需的样式，并调整至合适位置，如图 8-87 所示。

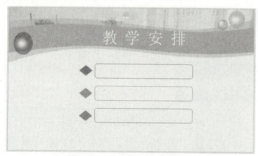

图 8-87　复制粘贴形状

7. 插入图片，设置所需图片样式，并调整大小和位置，如图 8-89 所示。

图 8-89　插入并调整图片

9. 插入素材图片，设置所需图片样式，并调整大小和位置，如图 8-91 所示。

图 8-91　插入并调整图片

4. 继续插入"圆角矩形"形状，并设置其样式，调整至合适位置，如图 8-86 所示。

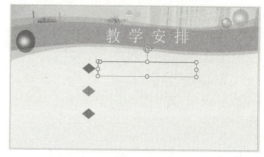

图 8-86　插入"圆角矩形"形状

6. 插入文本框，输入所需文字，并调整至合适位置，如图 8-88 所示。

图 8-88　插入文本框

8. 进入第 3 张幻灯片，插入文本框，输入所需文字，并调整大小和位置，如图 8-90 所示。

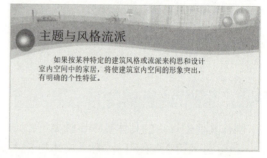

图 8-90　插入文本框

10. 进入第 4 张幻灯片，插入文本框，输入所需文字，并调整大小和位置，如图 8-92 所示。

图 8-92　插入文本框

11 插入素材图片，设置所需图片样式，并调整大小和位置，如图 8-93 所示。

图 8-93　插入并调整图片

13 切换至"插入"选项卡，插入"五边形"形状，设置形状样式，并调整其大小和位置，如图 8-95 所示。

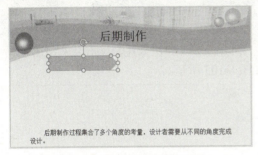

图 8-95　插入"五边形"形状

15 复制形状，并粘贴至合适位置，修改形状内的文字，如图 8-97 所示。

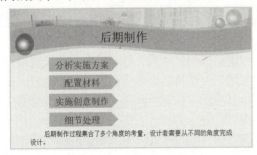

图 8-97　复制与修改形状

17 插入相应图片，设置其样式，并调整位置和大小，如图 8-99 所示。

图 8-99　插入并调整图片

12 进入第 5 张幻灯片，插入文本框，输入所需文字，并调整大小和位置，如图 8-94 所示。

图 8-94　插入文本框

14 在形状上单击鼠标右键，在弹出的快捷菜单中选择"编辑文字"选项，在文本框中输入文字，如图 8-96 所示。

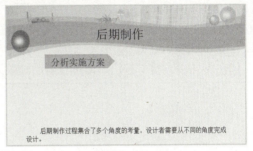

图 8-96　输入文字

16 用与上述相同的方法，插入其他形状，调整样式、大小和位置，如图 8-98 所示。

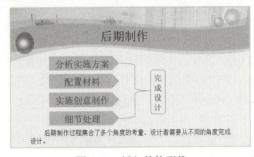

图 8-98　插入其他形状

18 进入第 6 张幻灯片，输入所需文字，完成幻灯片的制作，如图 8-100 所示。

图 8-100　完成幻灯片制作

8.5.4 设置幻灯片效果

设置幻灯片效果的具体操作步骤如下:

1. 进入第 1 张幻灯片,选中标题文本,切换至"动画"选项卡,在"动画"列表框的"进入"选项区中选择"形状"选项,如图 8-101 所示。

2. 用与上述相同的方法,设置副标题文本的动画效果为"翻转式由远及近"形式,如图 8-102 所示。

图 8-101　选择"形状"选项

图 8-102　设置其他动画效果

3. 单击"预览"按钮,即可查看动画效果,如图 8-103 所示。

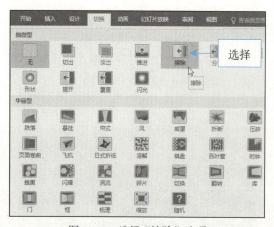

图 8-103　查看动画效果

4. 进入第 1 张幻灯片,切换至"切换"选项卡,在"切换到此幻灯片"选项组中的"切换"列表框中选择"擦除"选项,如图 8-104 所示。

5. 选中"计时"选项组中的"设置自动换片时间"复选框,并设置时间为 00:00.17,单击"全部应用"按钮,如图 8-105 所示,全部应用效果。

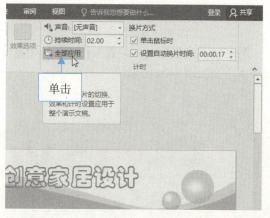

图 8-104　选择"擦除"选项

图 8-105　应用效果

6. 单击状态栏上的"幻灯片放映"按钮，预览幻灯片切换放映效果，如图 8-106 所示。

电脑基
础知识

系统常
用操作

Word 办
公入门

Word 图
文排版

Excel 表
格制作

Excel 数
据管理

PPT 演
示制作

Office 办
公案例

办公辅
助软件

电脑办
公设备

电脑办
公网络

电脑安
全维护

图 8-106　切换放映效果

专 家 提 醒

在"动画"选项组中单击右侧的"其他"按钮，在弹出的列表框中，可以设置进入动画和强调动画，还可以单击下方的相应按钮，设置退出动画和动作路径。

8.6　使用 PowerPoint 制作旅游相册

PowerPoint 2016 具有强大的文字排版、图形处理、设置动画效果等功能，不仅在教学、办公和商务行业中广泛应用，在其他行业中也能灵活运用，例如制作相册。下面将介绍旅游相册的制作过程。

扫码观看本节视频

8.6.1　制作第 1 张幻灯片

制作第 1 张幻灯片的具体操作步骤如下：

1. 单击快速访问工具栏上的"打开"按钮，打开一个演示文稿，如图 8-107 所示。

2. 进入第 1 张幻灯片，插入文本框，输入文本内容，并设置字体格式，如图 8-108 所示。

图 8-107　打开一个演示文稿

图 8-108　设置字体格式

3 切换至"插入"选项卡，在"插图"选项组的"形状"下拉列表框中，选择"直线"选项，在幻灯片合适位置绘制一条直线，并设置线条格式，如图 8-109 所示。

4 在幻灯片合适位置，插入文本框，并输入所需的文本内容，设置其文字格式，如图 8-110 所示。

图 8-109　绘制相应形状

图 8-110　插入文本框

5 选中文本框和绘制的线条，单击鼠标右键，在弹出的快捷菜单中，选择"组合"|"组合"选项，进行组合操作，如图 8-111 所示。

6 用与上述相同的方法，插入文本框，并输入所需的文字，设置文字格式，并进行组合操作，如图 8-112 所示。

图 8-111　组合文本框和线条

图 8-112　插入文本框

知识链接

为了方便制作，通常会对某个区域中的内容进行组合，当用户需要解除组合时，在该对象上单击鼠标右键，在弹出的快捷菜单中选择"组合"|"取消组合"选项即可。

8.6.2 添加相册图片

添加相册图片的具体操作步骤如下：

1. 进入第 2 张幻灯片，插入文本框，输入文本内容，并设置字体格式，如图 8-113 所示。

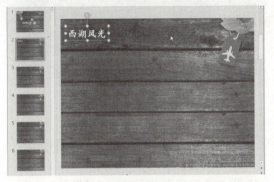

图 8-113　设置字体格式

3. 用与上述相同的方法，插入并调整其他图片，如图 8-115 所示。

图 8-115　插入并调整图片

5. 进入第 4 张幻灯片，插入文本框和图片，并调整其格式，如图 8-117 所示。

图 8-117　第 4 张幻灯片

7. 进入第 6 张幻灯片，插入文本框，输入文本内容，并设置字体格式，如图 8-119 所示。

2. 插入图片，调整图片位置、大小和旋转角度，并设置图片样式，如图 8-114 所示。

图 8-114　设置图片样式

4. 进入第 3 张幻灯片，插入文本框和图片，并调整其格式，如图 8-116 所示。

图 8-116　第 3 张幻灯片

6. 进入第 5 张幻灯片，插入文本框和图片，并调整其格式，如图 8-118 所示。

图 8-118　第 5 张幻灯片

8. 插入视频文件，设置其样式，并调整其大小和位置，如图 8-120 所示。

电脑基础知识

系统常用操作

Word办公入门

Word图文排版

Excel表格制作

Excel数据管理

PPT演示制作

Office办公案例

办公辅助软件

电脑办公设备

电脑办公网络

电脑安全维护

图 8-119　插入文本框

图 8-120　第 6 张幻灯片

专　家　提　醒

　　除了可以在幻灯片中插入视频文件外，用户还可以插入相应的音频文件，以丰富幻灯片的内容，使其更具特色，另外用户还可以录制声音，进行解释说明。

8.6.3　设置动画效果

设置动画效果的具体操作步骤如下：

1. 选中第 1 张幻灯片的"西湖"文字，切换至"动画"选项卡，在"动画"列表框的"进入"选项区中选择"轮子"选项，如图 8-121 所示。

2. 执行上述操作后，在文字对象旁边将显示数字1，表示添加的第 1 个进入动画，如图 8-122 所示。

图 8-121　选择"轮子"选项

图 8-122　添加的第 1 个进入动画

3. 单击"预览"按钮，即可查看动画效果，如图 8-123 所示。

图 8-123　查看动画效果

电脑基础知识

系统常用操作

Word办公入门

Word图文排版

Excel表格制作

Excel数据管理

PPT演示制作

Office办公案例

办公辅助软件

电脑办公设备

电脑办公网络

电脑安全维护

4. 用与上述相同的方法，为其他幻灯片中的对象设置所需的动画效果，单击"预览"按钮，预览其效果，如图 8-124 所示。

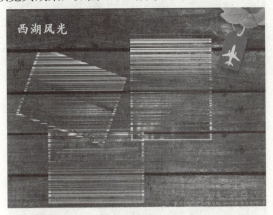

第 2 张幻灯片

第 3 张幻灯片

第 4 张幻灯片

第 5 张幻灯片

图 8-124　预览动画效果

8.6.4　设置切换效果

设置切换效果的具体操作步骤如下：

1. 进入第 1 张幻灯片，切换至"切换"选项卡，在"切换到此幻灯片"选项组中的"切换"列表框中选择"帘式"选项，图 8-125 所示。

2. 选中"计时"选项组中的"设置自动换片时间"复选框，并设置时间为 00:00.20，单击"全部应用"按钮，如图 8-126 所示，全部应用效果。

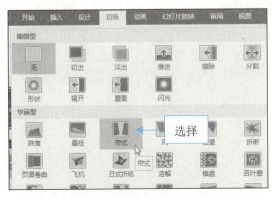

图 8-125　选择"帘式"选项

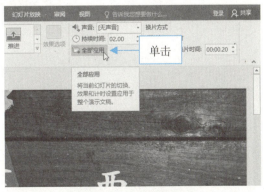

图 8-126　应用效果

3. 单击状态栏上的"幻灯片放映"按钮，预览幻灯片切换放映效果，如图 8-127 所示。

图 8-127 查看切换效果

第 9 章　常用办公辅助软件

在电脑操作过程中，经常会用到一些辅助软件以辅助办公，如压缩与解压软件、看图软件、截图软件、翻译软件、PDF 文档阅读软件以及数据恢复软件等。本章将详细介绍这些软件的使用方法。

9.1　压缩与解压软件——WinRAR

当磁盘中的文件比较多或占用空间比较大时，可以对其进行压缩处理，使文件容量减小，而当用户从网上下载文件时，很多是压缩文件，则需要对其进行解压。WinRAR 是目前使用最为广泛的压缩/解压缩软件之一，支持大部分的压缩文件格式。

扫码观看本节视频

9.1.1　压缩文件

在电脑的操作过程中，当电脑中的各类文件越来越多时，电脑磁盘中的可用空间减少，电脑运行速度也将受到影响，用户可以利用压缩工具将一些文件压缩保存。压缩文件的具体操作步骤如下：

1 打开"文档（E:）"窗口，在"日常办公"文件夹上单击鼠标右键，在弹出的快捷菜单中选择"添加到压缩文件"选项，如图 9-1 所示。

2 弹出"压缩文件名和参数"对话框，在"常规"选项卡中，各参数保持默认设置，如图 9-2 所示。

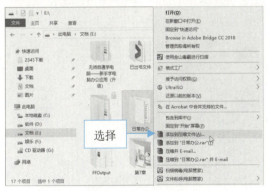

图 9-1　选择"添加到压缩文件"选项

图 9-2　"压缩文件名和参数"对话框

3 单击"确定"按钮，弹出"正在创建压缩文件 日常办公.rar"提示信息框，并显示压缩进度，如图 9-3 所示。

4 稍等片刻，压缩完成后，在"文档（E:）"窗口中即会新添"日常办公"压缩文件，如图 9-4 所示。

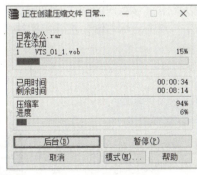

图 9-3　显示压缩进度

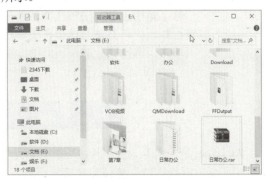

图 9-4　压缩文件

电脑基础知识

系统常用操作

Word办公入门

Word图文排版

Excel表格制作

Excel数据管理

PPT演示制作

Office办公案例

办公辅助软件

电脑办公设备

电脑办公网络

电脑安全维护

173

9.1.2　解压文件

当用户需要查看压缩文件中的资料时，首先需要对压缩文件进行解压操作。WinRAR 是一款非常优秀的压缩/解压软件，大部分压缩文件格式都能适用，它对 RAR 和 ZIP 格式的文件完全支持，能解压 ARJ、LZH、ACE、TAR、JAR 和 GZ 等格式的文件。解压文件的具体操作步骤如下：

1 在"开始"菜单中，打开 WinRAR 窗口，在地址栏下拉列表框中选择相应磁盘，选择"软件"压缩文件，如图 9-5 所示。

2 在工具栏中单击"解压到"按钮，弹出"解压路径和选项"对话框，设置解压路径，如图 9-6 所示。

图 9-5　选择"软件"压缩文件

图 9-6　设置解压路径

3 单击"确定"按钮，弹出"正在从 软件.rar 中提取"提示信息框，并显示解压进度，如图 9-7 所示。

4 稍等片刻，解压完成后，打开相应窗口，即可查看解压的文件效果，如图 9-8 所示。

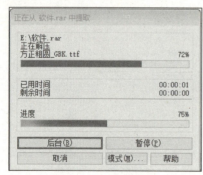

图 9-7　显示解压进度

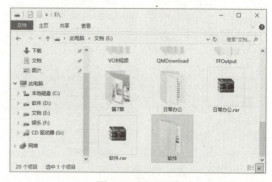

图 9-8　解压文件

专 家 提 醒

除了运用上述方法解压文件外，用户还可以采用直接解压的方式对压缩文件进行解压，其方法是选择需要解压的压缩文件，单击鼠标右键，在弹出的快捷菜单中，选择相应的解压选项即可。

9.2　看图软件——ACDSee

ACDSee 是一款专业的图片浏览软件，是目前较为流行的看图软件，它功能十分强大，能实现图像浏览、管理和处理等功能，并能支持大部分的图形文件格式。其界面为独特的双窗体分配形式，使用非常方便。下面介绍如何使用 ACDSee 看图软件。

扫码观看本节视频

电脑基础知识

系统常用操作

Word 办公入门

Word 图文排版

Excel 表格制作

Excel 数据管理

PPT 演示制作

Office 办公案例

办公辅助软件

电脑办公设备

电脑办公网络

电脑安全维护

9.2.1　使用 ACDSee 浏览图片

浏览图片是 ACDSee 最基本的功能，使用该软件可以以缩略图的形式浏览，也可以全屏浏览、自动播放和幻灯片等形式浏览。使用 ACDSee 浏览图片的具体操作步骤如下：

1. 打开 ACDSee 程序，打开目标文件夹，选择需要浏览的图片，如图 9-9 所示。

2. 在该图片上双击鼠标左键，即可对其进行浏览，如图 9-10 所示。

图 9-9　选择需要浏览的图片

图 9-10　浏览图片

3. 在窗口底部"胶片"选项卡的右侧单击"下一个"按钮，如图 9-11 所示。

4. 即可切换至下一张图片，浏览图片，如图 9-12 所示。

图 9-11　单击"下一个"按钮

图 9-12　浏览图片

5. 在图片上单击鼠标右键，在弹出的快捷菜单中，选择"全屏幕"选项，如图 9-13 所示。

6. 执行上述操作后，即可以全屏形式浏览图片，如图 9-14 所示。

图 9-13　选择"全屏幕"选项

图 9-14　全屏浏览图片

知识链接

在窗口底部"胶片"选项卡的右侧单击"上一个"按钮，即可浏览上一张图片。

电脑基础知识

系统常用操作

Word办公入门

Word图文排版

Excel表格制作

Excel数据管理

PPT演示制作

Office办公案例

办公辅助软件

电脑办公设备

电脑办公网络

电脑安全维护

9.2.2 使用 ACDSee 调整图片

使用 ACDSee 不仅可以方便且快速地浏览图片，还可以对图片进行简单调整，如设置图片的艺术效果等。使用 ACDSee 调整图片的具体操作步骤如下：

1 打开 ACDSee 程序，打开素材文件夹，在素材图片上双击鼠标左键，进入浏览窗口，如图 9-15 所示。

2 单击窗口右上角的"编辑"按钮，左侧打开"滤镜菜单"界面，如图 9-16 所示。

图 9-15 进入浏览窗口

图 9-16 打开"滤镜菜单"界面

3 在"滤镜菜单"界面的"添加"选项区中单击"特殊效果"按钮，如图 9-17 所示。

4 在右侧界面中选择"水面"艺术效果，如图 9-18 所示。

图 9-17 单击"特殊效果"按钮

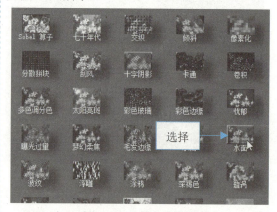

图 9-18 选择艺术效果

5 在窗口的左侧显示了水面艺术效果的相关参数，用户可根据需要自行调整，右侧显示艺术效果，如图 9-19 所示。

6 单击左侧界面的"完成"按钮，返回"滤镜菜单"界面，如图 9-20 所示。

图 9-19 设置参数

图 9-20 返回"滤镜菜单"界面

电脑基础知识

系统常用操作

Word办公入门

Word图文排版

Excel表格制作

Excel数据管理

PPT演示制作

Office办公案例

办公辅助软件

电脑办公设备

电脑办公网络

电脑安全维护

7. 单击左侧界面的"完成"按钮，返回浏览窗口，即可完成艺术效果的设置，单击"文件"|"另存为"命令，如图 9-21 所示。

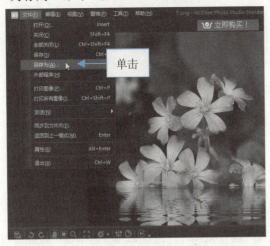

图 9-21　单击"另存为"命令

8. 弹出"图像另存为"对话框，设置保存路径和文件名（如图 9-22 所示），单击"保存"按钮，即可保存图片。

图 9-22　设置保存路径和文件名

9.3　截图软件——HyperSnap

HyperSnap 是一款非常优秀的屏幕截图工具，它不仅能抓取标准桌面图像，还能抓取游戏视频或 DVD 屏幕图。它可以用快捷键或自动定时器从屏幕上抓图，能以十多种图形格式（包括 BMP、GIF、JPEG、TIFF 和 PCX 等）保存并浏览图片。

扫码观看本节视频

9.3.1　进行捕捉设置

在使用 HyperSnap 软件进行抓图前，需要对其进行相应设置，如捕捉、复制和打印等，进行捕捉设置的具体操作步骤如下：

1. 打开 HyperSnap 应用程序，显示 HyperSnap 窗口，如图 9-23 所示。

2. 在"捕捉设置"选项卡中单击"捕捉设置"按钮，如图 9-24 所示。

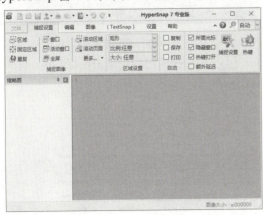

图 9-23　HyperSnap 窗口

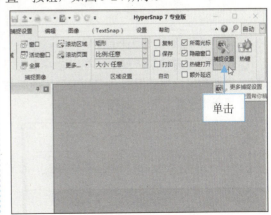

图 9-24　单击"捕捉设置"按钮

3. 弹出"捕捉设置-捕捉设置"对话框，切换至"捕捉设置"选项卡，取消选择"包含光标指针"复选框，如图 9-25 所示。

4. 切换至"复制和打印"选项卡，选中"复制每次捕捉图像到剪贴板"复选框，如图 9-26 所示。

电脑基础知识

系统常用操作

Word 办公入门

Word 图文排版

Excel 表格制作

Excel 数据管理

PPT 演示制作

Office 办公案例

办公辅助软件

电脑办公设备

电脑办公网络

电脑安全维护

电脑基础知识

系统常用操作

Word办公入门

Word图文排版

Excel表格制作

Excel数据管理

PPT演示制作

Office办公案例

办公辅助软件

电脑办公设备

电脑办公网络

电脑安全维护

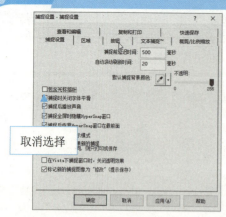

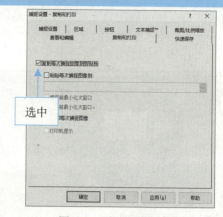

图 9-25　取消选择"包含光标指针"复选框　　　　图 9-26　选中相应复选框

5 依次单击"应用"和"确定"按钮，即可完成捕捉设置。

9.3.2　使用 HyperSnap 截图

在进行相应捕捉设置后，即可使用 HyperSnap 软件进行截图。在进行截图时，单击"捕捉设置"选项卡"捕捉图像"选项组中相应的按钮，这时会隐藏 HyperSnap 软件窗口，出现截图界面，用户也可以根据自己的需要设置相应按钮的快捷键，例如设置捕捉窗口为 F8、捕捉按钮为 F10、捕捉选定区域为 F9。使用 HyperSnap 截图的具体操作步骤如下：

1 打开 HyperSnap 窗口，并打开"此电脑"窗口，如图 9-27 所示。

2 单击"捕捉设置"|"捕捉图像"选项组中"全屏"按钮，程序将自动截取全屏幕，如图 9-28 所示。

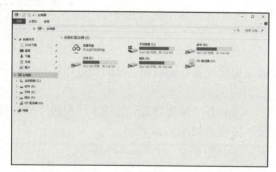

图 9-27　打开"此电脑"窗口

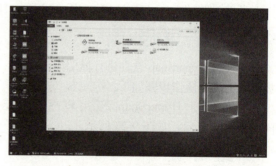

图 9-28　截取全屏幕

3 按捕捉窗口快捷键 F8，在屏幕左上方显示捕捉提示信息，选择需要捕捉的窗口，此时该窗口处显示黑色矩形框，如图 9-29 所示。

4 在选择的窗口处单击鼠标左键，即可截取相应窗口，如图 9-30 所示。

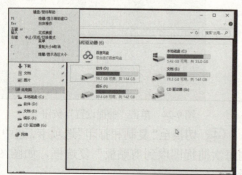

图 9-29　显示黑色矩形框

图 9-30　截取窗口

5. 在"此电脑"窗口中，将光标引导至"计算机"选项卡的"系统属性"按钮上，如图9-31所示。

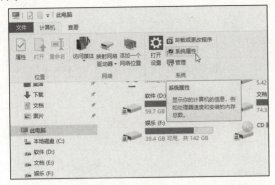

图 9-31　引导光标

6. 按捕捉按钮快捷键 F10，程序将自动截取指定的按钮，如图9-32所示。

图 9-32　截取按钮

7. 按捕捉选定区域快捷键 F9，在屏幕左上方显示捕捉提示信息，且鼠标会变为"十"字形，如图9-33所示。

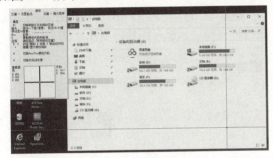

图 9-33　显示鼠标形状

8. 在需要截取的区域左上角单击鼠标左键，按住鼠标左键并拖曳至区域右下角，框选需要抓取的图像区域，如图9-34所示。

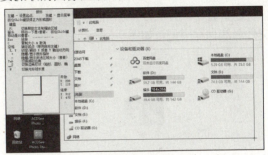

图 9-34　框选需要抓取的区域

9. 双击鼠标左键，或按住鼠标右键，从弹出的快捷菜单中选择"完成捕捉"选项，即可截取选定区域，如图9-35所示。

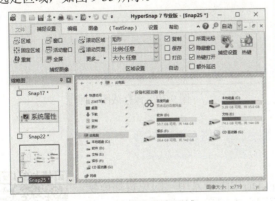

图 9-35　截取选定区域

专家提醒

除了进行上述截图外，还可以进行捕捉虚拟桌面、捕捉活动窗口、光标捕捉、多区域捕捉、固定区域捕捉、重复上次捕捉、捕捉扩展活动窗口和停止预定的自动捕捉等操作。

专家提醒

在进行捕捉窗口或者选定区域等过程中，如果想结束捕捉，只需按【Esc】键退出，即可取消捕捉。

电脑基础知识

系统常用操作

Word办公入门

Word图文排版

Excel表格制作

Excel数据管理

PPT演示制作

Office办公案例

办公辅助软件

电脑办公设备

电脑办公网络

电脑安全维护

9.3.3　保存截图文件

在截取图片后，如果用户需要将截取的图像保存到电脑中，可以使用"另存为"命令将其保存。保存截图文件的具体操作步骤如下：

1. 打开 HyperSnap 窗口，截取需要保存的图片，如图 9-36 所示。

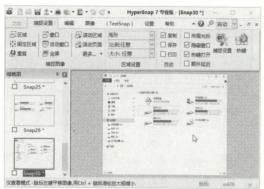

图 9-36　截取图片

2. 单击"文件"|"另存为"命令，如图 9-37 所示。

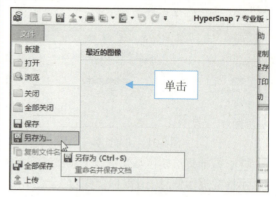

图 9-37　单击"另存为"命令

3. 弹出"另存为"对话框，设置保存路径、文件名和保存类型，如图 9-38 所示。

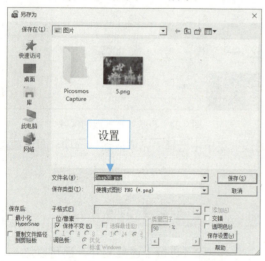

图 9-38　"另存为"对话框

4. 单击"保存"按钮，即可保存截图文件，在目标窗口显示保存图片，如图 9-39 所示。

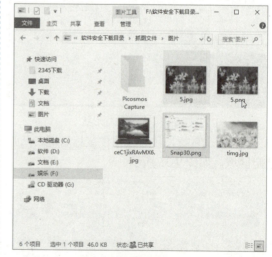

图 9-39　保存截图文件

9.4　翻译工具——金山词霸

金山词霸是由金山公司推出的一款词典类软件，适用于个人用户的免费翻译软件。软件含部分本地词库，轻巧易用；同时具有取词、查词和查句等经典功能，并新增全文翻译、网页翻译和覆盖新词、流行词查询的网络词典；支持中、日、英三语查询，并收录 30 万单词纯正真人发音，含 5 万长词、难词发音。

扫码观看本节视频

9.4.1　使用金山词霸查单词

金山词霸有非常丰富的词汇，用户可以轻松查询需要的单词，也可以进行取词和划译，非常方便。使用金山词霸查单词的具体操作步骤如下：

1. 打开"金山词霸"应用程序窗口，如图 9-40 所示。

图 9-40　打开"金山词霸"窗口

3. 在窗口左下角选中"取词"或"划译"复选框，如图 9-42 所示。

图 9-42　选中"取词"或"划译"复选框

5. 选择需要翻译的文字，这里出现"翻译"按钮，单击此按钮，弹出"划译"窗口，显示翻译结果，如图 9-44 所示。

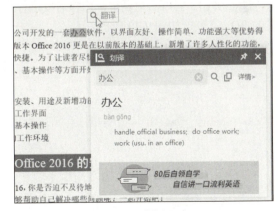

图 9-44　"划译"窗口

2. 在上面的文本框中，输入需要查询的文字，如"设计师"，按【Enter】键，显示查询结果，如图 9-41 所示。

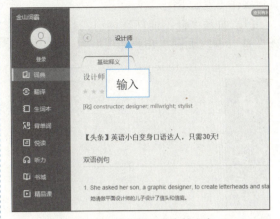

图 9-41　输入需要查询的文字

4. 移动鼠标到文字上，弹出"取词"窗口，系统会自动选取词语并进行翻译，如图 9-43 所示。

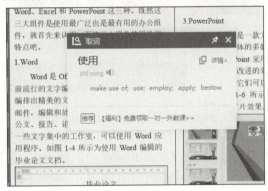

图 9-43　"取词"窗口

6. 当不需要取词或划译时，可以取消选中"金山词霸"窗口左下角的"取词"或"划译"复选框，如图 9-45 所示。

图 9-45　取消"取词"或"划译"复选框

电脑基础知识

系统常用操作

Word 办公入门

Word 图文排版

Excel 表格制作

Excel 数据管理

PPT 演示制作

Office 办公案例

办公辅助软件

电脑办公设备

电脑办公网络

电脑安全维护

9.4.2 翻译短句或文章

使用金山词霸除了可以查询简单的单词外，还可以进行短句或文章的翻译。翻译短句或文章的具体操作步骤如下：

1. 打开"金山词霸"窗口，切换至"翻译"选项卡，如图9-46所示。

2. 在原文文本框中，输入需要翻译的短句或文章，单击"翻译"按钮，在译文文本框中显示翻译结果，如图9-47所示。

图9-46 "翻译"选项卡

图9-47 翻译短句或文章

9.5 PDF 文档阅读器——Adobe Reader

Adobe Reader(也被称为Acrobat Reader)是美国Adobe公司开发的一款优秀PDF文件阅读软件。文档的撰写者可以向任何人分发自己制作的PDF文档而不用担心被恶意篡改。虽然无法在Reader中创建PDF，但是可以使用Reader查看、打印和管理PDF。在Reader中打开PDF后，可以使用多种工具快速查找信息。

扫码观看本节视频

9.5.1 查看 PDF 文档

使用Adobe Reader可以进行查看PDF文档，但是不能进行修改和编辑。查看PDF文档的具体操作步骤如下：

1. 打开Adobe Reader窗口，单击"文件"|"打开"命令，如图9-48所示。

2. 弹出"打开"对话框，选择需要进行查看的PDF文档，如图9-49所示。

图9-48 单击"打开"命令

图9-49 选择需要查看的PDF文档

③ 单击"打开"按钮，即可查看 PDF 文档，如图 9-50 所示。

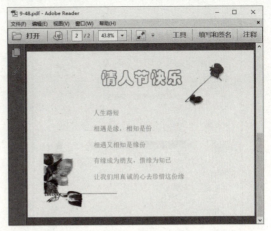

图 9-50　查看 PDF 文档

专 家 提 醒

　　使用 Adobe Reader 进行查看 PDF 文档非常方便，它有很多种视图方式供用户选择，包括阅读模式、全屏模式，此外还可以设置单页滚动、双页视图、双页滚动等，使阅读更加灵活。

9.5.2　设置文档打印模式

　　除了可以使用 Adobe Reader 查看 PDF 文档外，用户还可以在 Adobe Reader 中设置相应打印模式，打印预览文档。设置文档打印模式的具体操作步骤如下：

① 打开一个需要设置打印的 PDF 文档，单击"文件"|"打印"命令，如图 9-51 所示。

② 弹出"打印"对话框，单击"页面设置"按钮，如图 9-52 所示。

图 9-51　单击"打印"命令

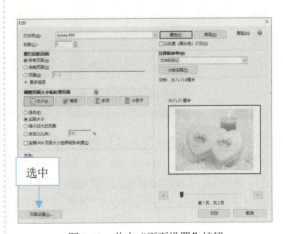

图 9-52　单击"页面设置"按钮

③ 弹出"页面设置"对话框，设置纸张的"大小"为 A3，如图 9-53 所示，纸张方向和页边距也可以在此设置。

④ 单击"确定"按钮，返回"打印"对话框，单击"属性"按钮，弹出"Adobe PDF 文档属性"对话框，在"默认设置"下拉列表中选择"印刷质量"选项，如图 9-54 所示。

电脑基础知识

系统常用操作

Word 办公入门

Word 图文排版

Excel 表格制作

Excel 数据管理

PPT 演示制作

Office 办公案例

办公辅助软件

电脑办公设备

电脑办公网络

电脑安全维护

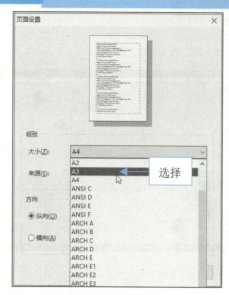

图 9-53 设置纸张大小

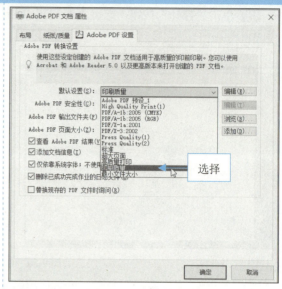

图 9-54 设置文档属性

5 单击"确定"按钮，返回"打印"对话框，单击"打印"按钮，弹出"另存 PDF 文件为"对话框，设置保存路径和文件名，如图 9-55 所示。

6 单击"保存"按钮，即可保存打印文档，在目标窗口打开该文档，A3 纸张大小的效果如图 9-56 所示。

图 9-55 设置保存路径和文件名

图 9-56 查看打印文档效果

9.6 数据恢复软件——EasyRecovery

EasyRecovery 是世界著名数据恢复公司 Ontrack 的技术杰作。其专业版更是囊括了磁盘诊断、数据恢复、文件修复、E-mail 修复等全部 4 大类目 19 个项目的各种数据文件修复和磁盘诊断方案。EasyRecovery 主要是在内存中重建文件分区表，使数据能够安全地传输到其他驱动器中，可以从被病毒破坏或者已经格式化的硬盘中恢复数据。EasyRecovery 是一款威力非常强大的硬盘数据恢复工具，能够恢复丢失的数据以及重建文件系统。使用软件恢复数据的具体操作步骤如下：

扫码观看本节视频

1 打开 EasyRecovery 应用程序窗口，如图 9-57 所示。

2 选择需要恢复的内容，单击"下一个"按钮，如图 9-58 所示。

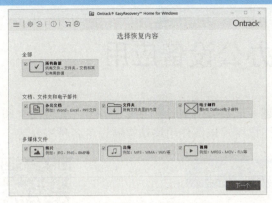

图 9-57　打开 Easy Recovery 窗口

3 选择需要扫描的位置，然后单击"扫描"按钮，如图 9-59 所示。

图 9-58　单击"下一个"按钮

4 在"查找文件和文件夹"界面中显示扫描进度（扫描过程需要一些时间，请耐心等待），如图 9-60 所示。

图 9-59　单击"扫描"按钮

5 扫描完成后，弹出"成功完成扫描"窗口，单击"关闭"按钮，如图 9-61 所示。

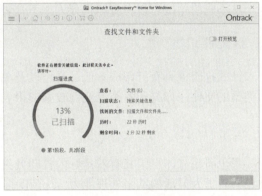

图 9-60　显示扫描进度

6 在扫描结果界面中显示扫描到的文件，在已丢失的文件夹中找到需要恢复的文件，单击"恢复"按钮，如图 9-62 所示，即可恢复。

图 9-61　单击"关闭"按钮

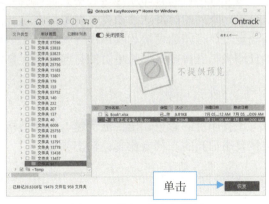

图 9-62　单击"恢复"按钮

电脑基础知识

系统常用操作

Word 办公入门

Word 图文排版

Excel 表格制作

Excel 数据管理

PPT 演示制作

Office 办公案例

办公辅助软件

电脑办公设备

电脑办公网络

电脑安全维护

185

第 10 章　电脑办公设备应用

随着自动化办公的普及，电脑办公设备越来越多地被应用到日常办公事务中，如使用打印机打印文档、使用刻录机进行刻录、使用扫描仪扫描图片以及使用移动存储设备备份资料等。

10.1　使用打印机

扫码观看本节视频

在使用电脑进行办公时，打印机是必不可少的辅助工具，是应用最为广泛的基本输出设备之一，用于输出文件，即将计算机中的文字、图像输出到纸上。

10.1.1　认识打印机

从不同的角度可以将打印机分为如下几种类型：

1．针式打印机

针式打印机具有打印成本低、易用以及单据打印的特殊用途，其越来越趋向于打印各种专业类型的文件，如打印各类专业性较强的报表、发票等。

2．喷墨打印机

彩色喷墨打印机因其有着良好的打印效果与较低价位的优点而占领了广大中低端市场。同时还具有更为灵活的纸张处理能力，既可以打印信封、信纸等普通介质，还可以打印各种胶片、照片纸、光盘封面和卷纸等特殊介质。

3．激光打印机

激光打印机的打印原理是利用光栅图像处理器产生要打印页面的位图，然后将其转换为电信号等一系列的脉冲送往激光发射器，在这一系列脉冲的控制下，激光被有规律地射出。具有高稳定性、打印速度快和噪声小等特点，主要以办公打印为主。虽然激光打印机的价格要比喷墨打印机昂贵得多，但从单页的打印成本上讲，激光打印机则要便宜很多。

4．热转换打印机

该打印机的彩色输出性能优越，但其价格昂贵、输出速度慢，因此主要集中应用在对图像质量要求很高的高档专业彩色输出领域。

5．便携打印机

便携式打印机就是指体积小巧，易于携带的打印机，主要是为了满足用户在移动途中打印，是目前最流行的新型打印机。

10.1.2　选购打印机

选购打印机时，可以从以下几个角度考虑：

　　⚙ 用途：如果是需要进行高精度的打印，建议购买激光打印机。如果需要打印一些票据，那么针式打印机应该是最佳的选择。

　　⚙ 打印质量：相对来说，激光打印机拥有较好的打印质量，但是价格较贵，而喷墨打印机仍是现在市场上的主流产品，具有较高的性价比。

　　⚙ 打印速度：当需要进行大量的文档打印时，打印速度就是一个比较重要的指标了。

　　⚙ 功能与易用性：现在市场上的彩色喷墨打印机的功能繁多，对家庭用户而言比较常用的有两种，一种是介质打印机，这种打印机不仅可以在普通纸上打印，也可以在信封、卡片上打印，另一种是经济打印模式，也可以称之为省墨模式，打印草稿、一些非正式的文本等时经常用到。

10.1.3　使用打印机

　　当用户连接好打印机，并安装打印机驱动后，即可以使用打印机打印文档资料。使用打印机的具体操作步骤如下：

1. 启动打印机设备，并打开一个 Word 文档，单击"文件"菜单，在弹出的面板中单击"打印"选项，如图 10-1 所示。

2. 打开"打印"界面，在"打印机"选项区中设置打印机，并单击下方的"打印机属性"链接，如图 10-2 所示。

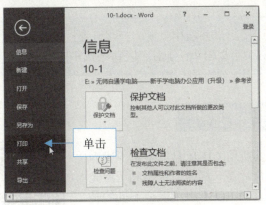

图 10-1　单击"打印"选项

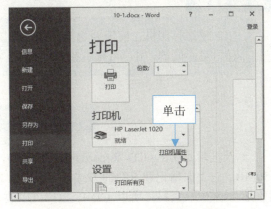

图 10-2　单击"打印机属性"链接

3. 弹出"HP LaserJet 1020 属性"对话框，在"纸张/质量"选项卡中，设置纸张"类型"为"信封"，如图 10-3 所示。

4. 切换至"效果"选项卡，在"适合页面"选项区中选中"文档打印在"复选框，如图 10-4 所示。

图 10-3　设置纸张类型

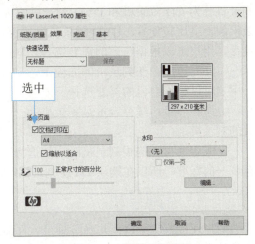

图 10-4　设置适合页面

5 切换至"基本"选项卡，在"份数"选项区中，设置打印份数为2，如图10-5所示。

6 单击"确定"按钮，返回文档，单击"打印"按钮（如图10-6所示），即可打印文档。

图10-5 设置打印份数

图10-6 单击"打印"按钮

知识链接

使用打印机之前需要将打印机和电脑连接起来并连接电源。打印机连接线两端的接口是不同的，用户可根据接口的形状，将连接线的两端分别连接到电脑和打印机上。

10.2 使用刻录机

刻录机即 CD-R（CD Recordable 的简称），其所用 CD-R 盘的容量一般为 650MB。它上面所记载资料的方式与一般 CD 光盘片是一样的，也是利用激光束的反射来读取资料，所以 CD-R 盘片可以放在 CD-ROM 上读取，不同的是 CD-R 盘可以写一次。

扫码观看本节视频

10.2.1 认识刻录机

使用刻录机可以刻录音像光盘、数据光盘、启动盘等，方便储存数据和携带。目前市场上的刻录机分为 CD 刻录机和 DVD 刻录机两大类，CD 容量是 700MB，DVD 容量是 4.5G。CD 刻录机的价格比较便宜，DVD 刻录机除了可以刻录 DVD 光盘外，还可以刻录 CD 光盘，但价格较贵，用户可以根据自己的需要选择。同时，在选购时需要注意以下几点：

⚙ **读写速度**：在刻录机的面板上，一般都标明了刻录机的读写速度，速度越快，价格越高，用户可以根据自己的需要选择。

⚙ **缓存容量**：缓存容量是刻录机的一个重要指标，在选购刻录机时应该尽量选择缓存容量大的刻录机。

⚙ **兼容性**：在购买刻录机时应该选择对光盘支持较多的刻录机，特别是现在 DVD 光盘没有统一的标准，所以在购买 DVD 刻录机时，应该选择对 DVD 光盘支持较多的刻录机。

10.2.2 使用刻录机

当用户连接好刻录机，并安装刻录软件后，就可以刻录 DVD 视频或数据光盘等。使用刻录机的具体操作步骤如下：

电脑基础知识

系统常用操作

Word办公入门

Word图文排版

Excel表格制作

Excel数据管理

PPT演示制作

Office办公案例

办公辅助软件

电脑办公设备

电脑办公网络

电脑安全维护

1. 打开刻录软件应用程序窗口，如图 10-7 所示。

2. 在该窗口中的"本地目录"选项区中选择需要刻录的文件夹，这时右侧会出现所选文件夹的内容，选择具体需要刻录的文件，如图 10-8 所示。

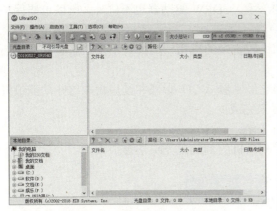

图 10-7　打开刻录软件窗口

图 10-8　选择需要刻录的文件

3. 在选择好的文件上方，单击"添加"按钮，如图 10-9 所示。

4. 添加完成后，在"光盘目录"选项区中显示添加好的文件夹，在右侧显示添加的所有文件，如图 10-10 所示。

图 10-9　单击"添加"按钮

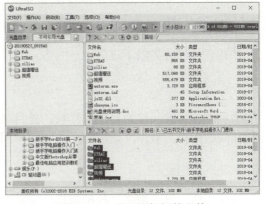

图 10-10　显示添加好的文件

5. 单击工具栏中的"加载到虚拟光驱"按钮，如图 10-11 所示，按提示保存映像文件，然后在"此电脑"窗口的虚拟光驱中预览刻录效果。

6. 预览没有问题后，单击工具栏中的"刻录光盘映像"按钮，如图 10-12 所示，即可开始刻录光盘。

图 10-11　单击"加载到虚拟光驱"按钮

图 10-12　单击"刻录光盘映像"按钮

10.2.3　维护刻录机

刻录机比其他的光盘驱动器要娇贵得多，所以在使用时要加倍小心，同时也要注意维护。刻录机维护主要包括以下几个方面：

✿　灰尘对任何光盘驱动器来说都是致命的杀手，CDRW 驱动器也不例外，所以也要保护好，注意改善它的工作环境。

✿　刻录机工作时发热量很大，所以要使用比较宽敞的机箱，另外，不要让它和其他发热量大的设备，如硬盘、CDROM 距离太近。

✿　刻录机的读盘性能往往很一般，不要用它经常看 VCD 影碟和读烂盘，这些功能最好另备一个读盘性能比较好的专用 CDROM 驱动器来完成。

✿　避免长时间的持续刻录，减缓刻录机的老化。

✿　不要使用质量太差的刻录盘片，否则对刻录机的刻录激光头伤害很大。

10.3　使用扫描仪

在计算机系统中，扫描仪属于输入设备，被广泛应用于办公自动化、广告设计和形象设计等领域。扫描仪是一种精度颇高的光电一体化产品，它能通过光电检测器将检测到的光信号转换为电信号，然后利用模拟/数字转换器将电信号转换为数字信号传输到计算机进行处理。

扫码观看本节视频

10.3.1　认识扫描仪

扫描仪一般分为以下三类：

1．平板式扫描仪

平板式扫描仪又称为台式扫描仪，是目前市场上的主流产品，其分辨率高，适合扫描一些比较精美的图像，被广泛地应用于各类图形图像处理、电子出版以及办公自动化等领域。

2．手持式扫描仪

体积小巧，便于携带，使用灵活，比较适合家庭使用。但是它的扫描幅面很小，扫描精度和扫描质量都很差。

3．滚筒式扫描仪

滚筒式扫描仪长期以来一直被认为是高精度的彩色印刷品的最佳选择。

10.3.2　扫描仪的用途

扫描仪的用途主要体现在以下几个方面：

✿　可在文档中组织美术品和图片。

✿　将印刷好的文本扫描输入到文字处理软件中，免去重新打字的麻烦。

✿　对印制版、面板标牌样品扫描录入到计算机中，可对该板进行布线图的设计和复制，解决了抄板问题，提高抄板效率。

✿　将实现印制板草图的自动录入、编辑、实现汉字面板和复杂图标的自动录入。

✿　在多媒体产品中添加图像。

✿　在文献中集成视觉信息使之更有效地交换和通信。

10.3.3　使用扫描仪

扫描仪安装完成后，用户可以将纸质图片、传真文件等内容用扫描仪扫描出来，并保存在电脑磁盘中。使用扫描仪的具体操作步骤如下：

1. 掀开扫描仪的盖板，将要扫描的图片放入扫描仪中，双击桌面上的 VueScan X64 图标，如图 10-13 所示。

图 10-13　双击程序图标

3. 单击窗口底部的"选项+"按钮，如图 10-15 所示。

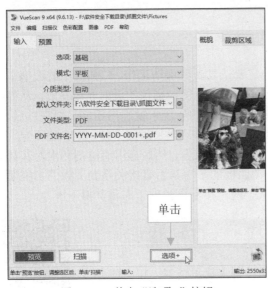

图 10-15　单击"选项+"按钮

5. 根据需要在"输入"或其它选项卡中设置参数，如图 10-17 所示。

2. 稍等片刻，启动程序，弹出相应的窗口，如图 10-14 所示。

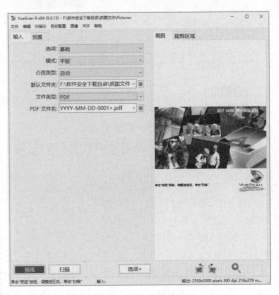

图 10-14　程序窗口

4. 在"输入"选项卡中显示更多选项，还增加了"选区""滤镜""色彩""输出"4 个选项卡，如图 10-16 所示。

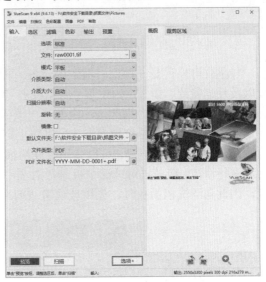

图 10-16　显示增加的选项及选项卡

6. 设置好参数后，先单击"预览"按钮，调整选区后，再单击"扫描"按钮，如图 10-18 所示。

图 10-17　设置参数

图 10-18　单击"扫描"按钮

7 扫描完成后，关闭程序软件，可以在目标文件夹中查看扫描图片。

10.3.4　维护扫描仪

维护扫描仪可以从以下两个方面着手：

1．保护好光学部件

扫描仪在扫描图像的过程中，通过一个叫光电转换器的部件把模拟信号转换成数字信号，然后再送到计算机中。这个光电转换设备非常精致，光学镜头或者反射镜头的位置对扫描的质量有很大的影响。因此在扫描过程中，不要随便地改动这些光学装置的位置，同时要尽量避免对扫描仪的震动或者倾斜。遇到扫描仪出现故障时，不要擅自拆修，一定要送到厂家或者指定的维修站；另外在运送扫描仪时，一定要把扫描仪背面的安全锁锁上，以避免改变光学配件的位置。

2．做好定期的保洁工作

扫描仪可以说是一种比较精致的设备，平时一定要认真做好保洁工作。扫描仪中的玻璃平板以及反光镜片、镜头，如果落上灰尘或者其他一些杂质，会使扫描仪的反射光线变弱，从而影响图片的扫描质量。为此，一定要在无尘或者灰尘尽量少的环境下使用扫描仪，用完以后，一定要用防尘罩把扫描仪遮盖起来，以防止更多的灰尘来侵袭。当长时间不使用时，还要定期地对其进行清洁。清洁时，可以先用柔软的细布擦去外壳的灰尘，然后再用清洁剂和水对其认真地进行清洁。接着再对玻璃平板进行清洗，由于该面板的干净与否直接关系到图像的扫描质量，因此在清洗该面板时，先用玻璃清洁剂来擦拭一遍，接着再用软干布将其擦干擦净。

10.4　使用移动存储设备

扫码观看本节视频

在日常办公中，用户经常需要使用到移动存储设备来拷贝资料，以方便办公资料的共享和应用。下面将介绍移动存储设备的类型以及使用方法。

10.4.1　移动存储设备的类型

目前市场上的移动储存设备有很多种，主要包括以下几种类型：

1. PD 光驱

PD 就是相变式可重复擦写光盘驱动器，PD 光盘采用相变光方式（PhaseChange）存储，其数据原理与 CD 光盘一样，形状也与 CD 光盘一样，为了保护盘面数据而装在盒内使用。

2. 移动硬盘

移动硬盘是在移动存储设备里容量相对比较大的，其结构是硬盘盒与硬盘组合在一起形成一个移动硬盘。移动硬盘盒分为 2.5 英寸和 3.5 英寸两种。2.5 英寸移动硬盘盒使用笔记本电脑硬盘，2.5 英寸移动硬盘盒体积小重量轻，便于携带，一般没有外置电源，硬盘和数据接口由计算机 USB 接口供电；3.5 英寸的硬盘盒使用台式电脑硬盘，体积较大，便携性相对较差。3.5 英寸的硬盘盒内一般都自带外置电源和散热风扇，价格也相对较高。

3. 大容量软驱

大容量软驱是在原有磁盘的基础上发展起来的，主要有 Zip、Supper 软盘(原名 LS120)，以及 HiFD 等。

4. FlashRAM

闪存是 EPROM（电可擦除程序存储器）的一种，它使用浮动栅晶体管作为基本存储单元实现非易失存储，不需要特殊设备和方式即可实现实时擦写。随着集成电路工艺技术的发展，闪存内部电路密度越来越大。近几年各种形式的基于闪存的存储设备纷纷诞生，它们的外形结构丰富多彩，尺寸越来越小，容量越来越大，接口方式越来越灵活。目前最新的第四代闪存卡，主要有 SanDisk 的 MultiMedia 卡、NexcomTechnology 的 SerialFlash 卡和 Sony 的 MemoryStick 记忆棒。

5. CDR/CDRW

尽管 CD-ROM 驱动器的价位低，并在电脑的存储领域得到了极为广泛的应用，但其不能写入的致命弱点，已逐步成为其发展的障碍，CD-R 是英文 CDRecordable 的简称，意为小型可写光盘。它的特点是只写一次，写完后的 CD-R 光盘无法被改写，但可以在 CD-ROM 驱动器和 CD-R 刻录机上被多次读取。

6. U 盘

U 盘全称 USB 接口移动硬盘，使用 USB 接口进行连接。USB 接口连到电脑的主机后，U 盘的资料就可以放到电脑上了，电脑上的数据也可以放到 U 盘上，很方便。其最大的特点就是：小巧便于携带、存储容量大、价格便宜。一般的 U 盘容量有 4G、8G、16G、32G、64G 和 128G 等。

7. SD 存储卡

SD 存储卡是一种基于半导体快闪记忆器的新一代记忆设备，由于它体积小、数据传输速度快、可热插拔等优良的特性，被广泛地用在便携式装置，例如智能手机、数码相机和多媒体播放器等。

电脑基础知识

系统常用操作

Word办公入门

Word图文排版

Excel表格制作

Excel数据管理

PPT演示制作

Office办公案例

办公辅助软件

电脑办公设备

电脑办公网络

电脑安全维护

10.4.2 使用 U 盘设备

U 盘的使用方法非常简单，其具体操作步骤如下：

1. 将 U 盘的 USB 接口连接到电脑上，这时系统将检测到 U 盘，并在任务栏的通知区域显示发现新硬件图标，如图 10-19 所示。

图 10-19　显示发现新硬件图标

3. 双击该盘，弹出相应窗口，在其中选择需要的文件，单击鼠标右键，在弹出的快捷菜单中，选择"复制"选项，如图 10-21 所示。

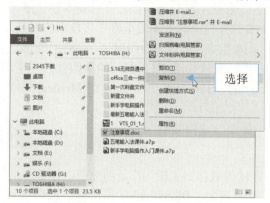

图 10-21　选择"复制"选项

5. 执行操作后，即可将 U 盘中的资料复制到电脑中，如图 10-23 所示。

图 10-23　复制资料

2. 在桌面上双击"此电脑"图标，弹出"此电脑"窗口，显示 U 盘信息，如图 10-20 所示。

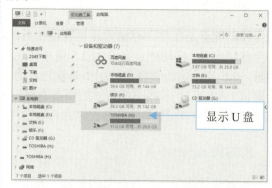

图 10-20　显示 U 盘信息

4. 打开相应的目标文件夹窗口，在"主页"选项卡的"剪贴板"选项组中，单击"粘贴"命令，如图 10-22 所示。

图 10-22　单击"粘贴"命令

6. 在通知区域的硬件图标上单击鼠标左键，在弹出列表框中选择"弹出 USB FLASH DRIVE"选项，如图 10-24 所示，即可退出 U 盘。

图 10-24　选择"弹出 USB FLASH DRIVE"选项

知识链接

　　用户在选购 U 盘时，应该选择有一定知名度的生产厂商和品牌，如金士顿、LG、索尼、明基、纽曼、神州数码、东芝和爱国者等，这些品牌的产品质量有保证，而且售后服务也比较好。

专家提醒

　　在使用 U 盘拷贝资料时，如果 U 盘中的数据不需要保留，用户可以将其进行剪切，在目标文件夹粘贴后，或者复制完成后，将其删除，U 盘将不再显示数据信息，需要注意的是，在 U 盘中删除的信息，是无法还原的。

10.4.3　使用移动硬盘

　　移动硬盘的使用方法与 U 盘的使用方法类似，不同的是，通常移动硬盘容量比较大，会分为几个盘区，在"此电脑"窗口将会显示这些盘符，用户根据需要选择相应的盘符。

　　移动硬盘盒外置接口方式主要有 IEEE1394 和 USB 两种。其中，IEEE1394 是苹果电脑标准接口，其数据传输速度理论上可达 400Mbps，并支持热插拔，但只有一些高端 PC 主板才配有 IEEE1394 接口，所以普及性较差；USB 接口的移动硬盘盒是主流接口，支持热插拔。

电脑基础知识

系统常用操作

Word 办公入门

Word 图文排版

Excel 表格制作

Excel 数据管理

PPT 演示制作

Office 办公案例

办公辅助软件

电脑办公设备

电脑办公网络

电脑安全维护

第 11 章　电脑办公网络应用

在当今信息化时代中，网络已经深入到人们生活的各个方面，利用网络进行办公是电脑办公的一个重要组成部分，是办公人员需要掌握的基本技能。本章将介绍电脑办公的网络应用。

11.1　电脑上网连接

在计算机接入 Internet 网络之前，需要先选择一种上网连接，才能进行联网。目前的联网方式有很多种，简单地说主要分为窄带和宽带两种接入方式，窄带主要指拨号上网、ISDN 等速度比较慢的网络连接方式；而宽带的范围比较广，包括光纤上网、拨号上网（ADSL、小区宽带）等。而在办公中，通常会用到局域网共享上网，下面将介绍基本的上网连接知识。

11.1.1　宽带上网

接入互联网的方式有光纤上网、拨号上网（ADSL、小区宽带）等。

1. 光纤上网

光纤上网的宽带拥有更高的上行和下行速度，可实现高速上网体验。光纤是宽带网络多种传输媒介最理想的一种，它的特点是传输容量大，传输质量好，损耗小，中继距离长等。该接入方式适合已做好或便于综合布线及系统集成的住宅与商务楼宇等。

光纤接入后用户只要用网线将光纤猫（类似 ADSL Modem）和计算机主机的网卡连接起来就可以上网了。

2. 拨号上网

小区宽带（双绞线）或 ADSL（电话线）接入互联网时，则需要使用拨号接入。小区宽带（双绞线）接入互联网时，不使用 Modem，只需要一根网线即可连接网络；ADSL（电话线）接入互联网时，需要使用 ADSL Modem 和电话线方可连接网络。下面以 ADSL 拨号上网为例来介绍宽带上网的操作。

ADSL Modem 安装后，连接好各个接线，即可开始创建 ADSL 拨号连接。设置 ADSL 拨号上网的具体操作步骤如下：

1 在"控制面板"窗口中，单击"网络和 Internet"链接，如图 11-1 所示。

2 打开"网络和 Internet"窗口，单击"查看网络状态和任务"链接，如图 11-2 所示。

图 11-1　单击"网络和 Internet"链接

图 11-2　单击"查看网络状态和任务"链接

③ 打开"网络和共享中心"窗口，单击"设置新的连接或网络"链接，如图 11-3 所示。

④ 弹出"设置连接或网络"对话框，在列表框中选择"连接到 Internet"选项，如图 11-4 所示。

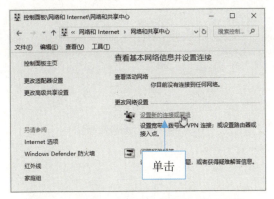

图 11-3 单击"设置新的连接或网络"链接

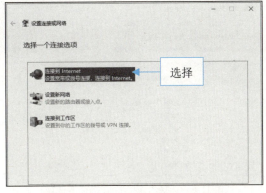

图 11-4 选择"连接到 Internet"选项

⑤ 单击"下一步"按钮，进入"您想使用一个已有的连接吗"界面，选中"否，创建新连接"单选按钮，如图 11-5 所示。

⑥ 单击"下一步"按钮，在"你希望如何连接"界面中单击"宽带(PPPoE)(R)"选项，进入"键入您的 Internet 服务提供商（ISP）提供的信息"界面，输入"用户名"、"密码"和"连接名称"，如图 11-6 所示。

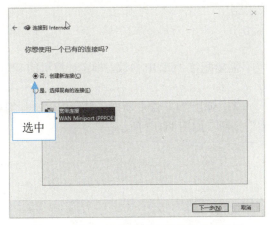

图 11-5 选中"否，创建新连接"单选按钮

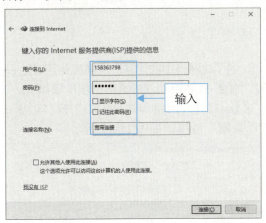

图 11-6 输入用户名和密码

⑦ 单击"连接"按钮，进入"正在连接到宽带连接"界面，连接网络，如图 11-7 所示。

⑧ 连接完成后，用户可以在"网络连接"窗口中查看连接，如图 11-8 所示。

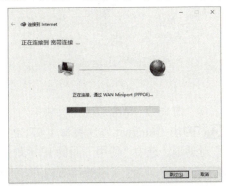

图 11-7 连接网络

图 11-8 查看连接

电脑基础知识

系统常用操作

Word办公入门

Word图文排版

Excel表格制作

Excel数据管理

PPT演示制作

Office办公案例

办公辅助软件

电脑办公设备

电脑办公网络

电脑安全维护

9. 在新建的连接上，单击鼠标右键，在弹出的快捷菜单中，选择"连接/断开连接"选项，如图 11-9 所示。

10. 在"拨号"页面单击"连接"按钮，弹出相应对话框，如图 11-10 所示，输入"用户名"和"密码"，单击"确定"按钮，即可拨号上网。

图 11-9　选择"连接/断开链接"选项

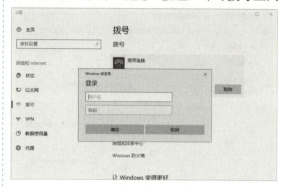

图 11-10　拨号上网

11.1.2　局域网共享上网

局域网技术是计算机网络中的一个重要分支，而且也是发展最快、应用最广泛的一项技术。局域网是指在某一区域（可以是同一建筑物、同一公司或同一学校，一般是方圆几千米以内）内由多台计算机互联成的封闭型的小型计算机网络，在其中可以实现文件管理、应用软件共享、外部设备共享等功能。局域网共享上网需要进行以下设置：

1. 配置 TCP/IP 协议

为了让网络中的计算机能够彼此正确地识别对方，需要配置 TCP/IP 协议，指定计算机的 IP 地址。配置 TCP/IP 协议的具体操作步骤如下：

1. 打开"网络和共享中心"窗口，单击"以太网"链接，如图 11-11 所示。

2. 弹出"以太网 状态"对话框，单击"属性"按钮，如图 11-12 所示。

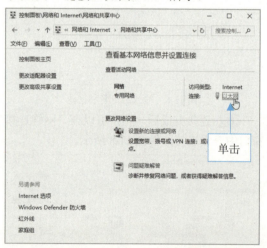

图 11-11　单击"以太网"链接

图 11-12　单击"属性"按钮

3. 弹出"以太网 属性"对话框，在"此连接使用下列项目"列表框中，选择"Internet 协议版本 4（TCP/IPv4）"选项，单击"属性"按钮，如图 11-13 所示。

4. 弹出"Internet 协议版本 4（TCP/IPv4）属性"对话框，选中"使用下面的 IP 地址"单选按钮，并输入 IP 地址、子网掩码等内容，单击"确定"按钮即可，如图 11-14 所示。

图 11-13　"以太网 属性"对话框

图 11-14　设置 IP 地址

2.加入本地工作组

在组建好局域网后，还需要将自己的计算机加入到工作组中，才能完成共享局域网上网。加入本地工作组的具体操作步骤如下：

1 在桌面的"此电脑"图标上单击鼠标右键，在弹出的快捷菜单中选择"属性"选项，如图 11-15 所示。

2 打开"系统"窗口，在"计算机名、域和工作组设置"选项区中，单击"更改设置"链接，如图 11-16 所示。

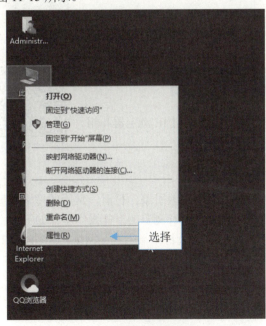

图 11-15　选择"属性"选项

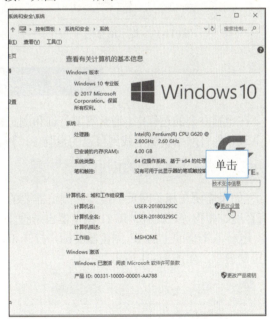

图 11-16　单击"更改设置"链接

3 弹出"系统属性"对话框，在"计算机名"选项卡中，单击"更改"按钮，如图 11-17 所示。

4 弹出"计算机名/域更改"对话框，用户可以根据需要设置计算机的名称与工作组，如图 11-18 所示。

图 11-17 "系统属性"对话框

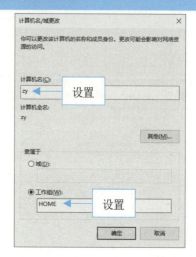

图 11-18 设置计算机名和工作组

5. 单击"确定"按钮，弹出"计算机名/域更改"提示信息框，单击"确定"按钮，如图11-19所示。

6. 弹出提示信息框，提示用户重新启动计算机，单击"确定"按钮，如图 11-20 所示，重新启动计算机，设置即可生效。

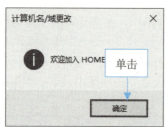

图 11-19 提示信息框

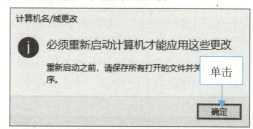

图 11-20 提示信息框

11.2 应用网络办公

在电脑办公的过程中，通常需要查询和浏览相关资料，或者通过 IE 浏览器和相关下载软件将网络资源下载到自己的电脑中，以便工作中应用。

扫码观看本节视频

11.2.1 网上搜索和浏览

如果需要在相关网页中搜索并浏览需要的信息，可以借助搜索引擎。目前，常用的搜索引擎有百度、搜狗等，此外，IE 11 浏览器自带搜索工具条。网上搜索和浏览的具体操作步骤如下：

1. 双击桌面上的 IE 浏览器图标，打开 IE 浏览器窗口，如图11-21所示。

2. 在地址栏中输入百度网址，如图 11-22 所示。

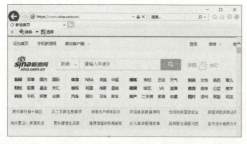

图 11-21 打开 IE 浏览器窗口

图 11-22 输入百度网址

3. 按【Enter】键确认，打开百度搜索引擎窗口，在搜索栏中输入需要进行查找的内容，同时显示出相应的搜索内容，如图 11-23 所示。

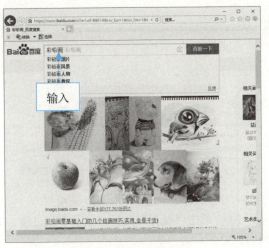

图 11-23　输入需要查找内容

5. 在其中单击需要的超链接，如图 11-25 所示。

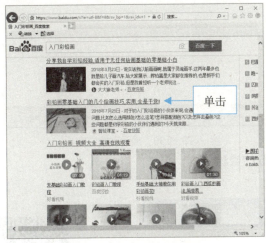

图 11-25　单击需要的超链接

4. 如需修改搜索关键词，则需修改好后，按【Enter】键或单击"百度一下"按钮，即可打开相应的网页，并显示搜索到的相关超链接，如图 11-24 所示。

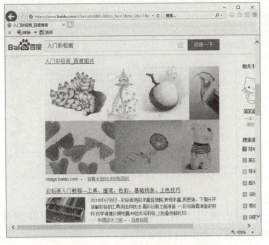

图 11-24　显示搜索到的相关超链接

6. 即可打开相应的网页，浏览相关信息，如图 11-26 所示。

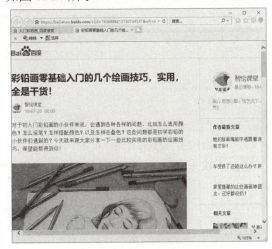

图 11-26　浏览网页

知识链接

　　使用 Internet 浏览网页时离不开浏览器，浏览器也是一个应用软件，用于与 WWW 建立链接，并与其进行通信。常用的浏览器有：IE 浏览器（Internet Explorer）、QQ 浏览器、百度浏览器、搜狗浏览器、UC 浏览器、火狐浏览器等。

11.2.2　网上资源下载

　　如果电脑中没有安装任何下载软件，用户可以通过 IE 浏览器对搜索到的资源进行下载。下面以下载迅雷软件为例，介绍使用 IE 直接下载资源的方法。网上资源下载的具体操作步骤如下：

电脑基础知识

系统常用操作

Word 办公入门

Word 图文排版

Excel 表格制作

Excel 数据管理

PPT 演示制作

Office 办公案例

办公辅助软件

电脑办公设备

电脑办公网络

电脑安全维护

1. 打开百度搜索引擎窗口，在其中搜索需要下载的信息，找到需要下载的程序，单击"立即下载"按钮，如图 11-27 所示。

2. 在新的网页弹出提示信息框，提示用户运行或保存文件，单击"保存"下拉按钮，在弹出的列表框中选择"另存为"选项，如图 11-28 所示。

图 11-27　搜索资源

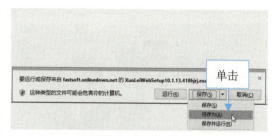

图 11-28　选择"另存为"选项

3. 弹出"另存为"对话框，设置保存路径和文件名，如图 11-29 所示。

4. 单击"保存"按钮，显示下载进度，如图 11-30 所示。

图 11-29　设置保存路径和文件名

图 11-30　显示下载进度

5. 下载完成后，可以在目标文件夹中查看下载的资源。

11.3　收发与管理电子邮件

电子邮件即 E-mail，是 Internet 发展的产物，其实质就像日常生活中的信件一样，但它的传递速度更快，使用起来更方便，在网络办公中的应用非常广泛。下面将介绍电子邮件的基本使用方法。

扫码观看本节视频

11.3.1　电子邮件概述

电子邮件是传输信息的一种网络服务，也是用户在 Internet 中进行通信的一种方式。其最大的特点是传输速度快、方便、安全，深受广大用户的青睐。用户还可以在邮件中附加一些图片、声音等文件。目前，比较常用的电子邮箱服务主要有 Web 页面邮箱和 POP3 邮箱。Web 页面邮箱只能通过 Web 页面收发电子邮件；POP3 邮箱的服务器主要支持 POP3 协议，通过此协议可以使用各种收发邮件的软件，在不登录 Web 页面的情况下，就能收发电子邮件，使用起来非常方便。

通常电子邮箱地址都是由用户名和网络域名组成的，其格式为 jacinthe@126.com，其中 jacinthe 为用户名，126.com 为网络域名。

11.3.2　发送电子邮件

用户可以根据需要在相关网站申请自己的邮箱，申请完成登录后即可给相关收件人发送电子邮件。发送电子邮件的具体操作步骤如下：

1. 打开 126 网易免费邮网页，在"邮箱账号登录"选项卡中输入用户名和密码，如图 11-31 所示。

2. 单击"登录"按钮，即可登录到 126 电子邮箱首页，在邮件窗口中单击"写信"按钮，如图 11-32 所示。

图 11-31　输入用户名和密码

图 11-32　单击"写信"按钮

3. 进入写信页面，输入收件人地址、主题以及内容，单击"发送"按钮，如图 11-33 所示。

4. 稍等片刻，显示邮件发送成功，如图 11-34 所示。

图 11-33　写信页面

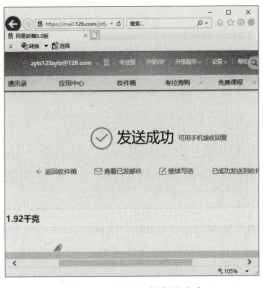

图 11-34　提示邮件发送成功

11.3.3　接收和查阅邮件

使用电子邮箱不仅可以向他人发送邮件，还可以接收并查看他人发送到自己邮箱中的邮件。同时，接收到的邮件分为未读邮件和已读邮件两类。如果邮件中有未读邮件，在"收件箱"链接右侧会显示未读邮件数目。接收和查阅邮件的具体操作步骤如下：

1. 打开 126 网易电子邮箱首页，单击左侧的"收件箱"链接，如图 11-35 所示。

图 11-35　单击"收件箱"链接

2. 进入收件箱页面，单击需要查看的电子邮件，如图 11-36 所示。

图 11-36　单击需查看电子邮件

3. 即可打开该邮件窗口，进行阅读邮件内容，如图 11-37 所示。

图 11-37　阅读邮件内容

知识链接

　　在查阅完相关邮件后，如需要回复发件人，可以直接在查邮件的窗口中单击"回复"按钮，编写回复邮件，其操作方法与发送邮件类似，只是回复时，会自动显示收件人地址，不需要再次输入。

11.3.4　添加通讯录联系人

　　为了方便用户之间的使用，大部分的电子邮箱都提供了"通讯录"功能，用户可以将平时经常联系的朋友或者同事添加到通讯录中，在使用时直接查找通讯录即可，而不需要再进行输入邮箱地址。添加通讯录联系人的具体操作步骤如下：

1. 登录 126 网易电子邮箱后，在首页单击"通讯录"链接，如图 11-38 所示。

图 11-38　单击"通讯录"链接

2. 进入通讯录页面，单击"新建联系人"按钮，如图 11-39 所示。

图 11-39　单击"新建联系人"按钮

电脑基础知识

系统常用操作

Word 办公入门

Word 图文排版

Excel 表格制作

Excel 数据管理

PPT 演示制作

Office 办公案例

办公辅助软件

电脑办公设备

电脑办公网络

电脑安全维护

3、进入新建联系人页面，输入联系人相关信息，如图 11-40 所示。

4、单击下方的"确定"按钮，在通讯录中显示添加的联系人，如图 11-41 所示。

图 11-40　输入联系人信息

图 11-41　显示添加的联系人

11.4　网络资源的共享

通常在网络办公中需要对资源进行共享应用，在局域网中可以访问其他电脑中的共享资源，也可以将需要共享给其他电脑的资源放在文件夹中进行共享，方便其他用户使用。网络资源的共享通常包括共享文件夹、共享驱动器以及共享打印机等。

扫码观看本节视频

11.4.1　共享文件夹

在 Windows10 操作系统中，用户可以采用共享公用文件夹来共享资源文件，也可以共享本地磁盘中的任意文件夹，并且可以设置访问权限，以保护网络资源的安全。共享文件夹的具体操作步骤如下：

1、打开相应窗口，在需要共享的文件夹图标上，单击鼠标右键，在弹出的快捷菜单中选择"属性"选项，如图 11-42 所示。

2、弹出"日常办公 属性"对话框，切换至"共享"选项卡，单击"高级共享"按钮，如图 11-43 所示。

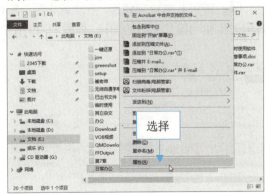

图 11-42　选择"属性"选项

图 11-43　单击"高级共享"按钮

3、弹出"高级共享"对话框，选中"共享此文件夹"复选框，单击"权限"按钮，如图 11-44 所示。

4、弹出文件夹权限对话框，在"允许"列中选中所有的复选框，单击"确定"按钮，如图 11-45 所示，即可共享文件夹。

图 11-44　单击"权限"按钮

图 11-45　设置权限

11.4.2　共享驱动器

除了可以共享文件夹外，用户还可以将驱动器设置为共享，共享后的磁盘驱动器中的文件全部可以被访问。共享驱动器的具体操作步骤如下：

1. 打开"此电脑"窗口，在需要共享的驱动器上单击鼠标右键，在弹出的快捷菜单中选择"授予访问权限"|"高级共享"选项，如图 11-46 所示。

2. 弹出"CD 驱动器（G：）属性"对话框，在"共享"选项卡中单击"高级共享"按钮，如图 11-47 所示。

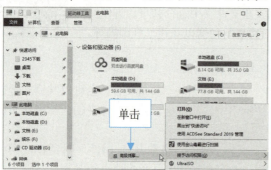

图 11-46　选择"高级共享"选项

图 11-47　单击"高级共享"按钮

3. 弹出"高级共享"对话框，选中"共享此文件夹"复选框，单击"确定"按钮，如图 11-48 所示。

4. 即可共享该驱动器，在"此电脑"窗口显示光盘驱动器共享后的图标，如图 11-49 所示。

图 11-48　"高级共享"对话框

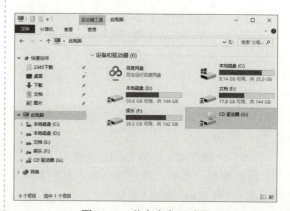

图 11-49　共享光盘驱动器

电脑基础知识

系统常用操作

Word办公入门

Word图文排版

Excel表格制作

Excel数据管理

PPT演示制作

Office办公案例

办公辅助软件

电脑办公设备

电脑办公网络

电脑安全维护

11.4.3　共享打印机

如果有打印机设备，用户还可以设置打印机共享，让局域网中的用户都可以使用打印机，从而充分利用网络资源。共享打印机的具体操作步骤如下：

1 在"控制面板"窗口中，单击"查看设备和打印机"按钮，如图 11-50 所示。

2 打开"设备和打印机"窗口，右键单击需要设置共享的打印机，在弹出的快捷菜单中选择"打印机属性"选项，如图 11-51 所示。

图 11-50　单击"查看设备和打印机"按钮

图 11-51　选择"打印机属性"选项

3 在弹出的对话框中，切换至"共享"选项卡，选中"共享这台打印机"复选框，单击"确定"按钮，如图 11-52 所示。

4 即可共享打印机，在窗口底部详细信息栏中，查看共享状态，如图 11-53 所示。

图 11-52　单击"确定"按钮

图 11-53　查看共享状态

电脑基础知识

系统常用操作

Word办公入门

Word图文排版

Excel表格制作

Excel数据管理

PPT演示制作

Office办公案例

办公辅助软件

电脑办公设备

电脑办公网络

电脑安全维护

11.5　使用微信交流

微信是腾讯公司推出的一个为智能终端提供即时通讯服务的免费应用程序，可以进行语音、视频、图片和文字聊天，多人群聊，微信还提供公众平台、朋友圈、资金收支以及城市服务等功能。现在越来越多的人已经习惯用微信办公，用微信发通知、沟通、讨论。微信有手机版、电脑版和网页版，下面将对微信平台的安装、登录、使用技巧等操作进行介绍。

扫码观看本节视频

11.5.1　电脑版微信的安装与登录

电脑版微信客户端可以让用户如同 QQ 聊天一样，即时的消息提醒，文件传输，电脑键盘的快速输入等等，相对于手机版微信而言，电脑版微信更适合办公，方便快捷。安装和登录电脑版微信的具体操作步骤如下：

1. 打开 IE 浏览器，在百度搜索文本框中输入"微信电脑版"并按【Enter】键，显示出搜索内容链接，选择需要下载的内容，如图 11-54 所示。

图 11-54　选择需要下载的内容

3. 显示正在下载进度，等下载完后单击"查看下载"按钮，打开"下载"窗口，选择刚刚下载的微信安装程序，双击鼠标左键，如图 11-56 所示。

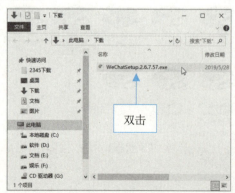

图 11-56　双击微信安装程序

5. 等待安装完成后，单击"开始使用"按钮，如图 11-58 所示。

2. 单击"立即下载"按钮，弹出相应提示信息框，单击"保存"按钮，如图 11-55 所示。

图 11-55　单击"保存"按钮

4. 打开微信安装界面，如果需要更改安装路径，单击"浏览"按钮即可，不更改路径就可以直接单击"安装微信"按钮，如图 11-57 所示。

图 11-57　单击"安装微信"按钮

6. 弹出一个二维码界面，在登录成功的手机版微信中，使用"扫一扫"功能进行扫描登录，如图 11-59 所示。

图 11-58　单击"开始使用"按钮

图 11-59　扫描二维码

7. 打开手机微信，在"发现"界面，点开"扫一扫"选项，对二维码进行扫描后，将提示"请在手机上确认登录"信息，如图 11-60 所示。

8. 打开手机微信，此时微信窗口会出现"Windows 微信确认登录"提示信息，如图 11-61 所示。

图 11-60　提示信息

图 11-61　手机确认登录

9. 点击"登录"按钮，电脑上将会显示出"正在登录"提示，然后电脑端会自动进入微信界面，如图 11-62 所示。

图 11-62　登录成功界面

知识链接

当在电脑上登录微信后，手机端就会出现相应的提示"Windows 微信已登录，手机通知已关闭"信息。

11.5.2　微信的使用技巧

微信已经成为我们生活中不可或缺的工具。在日常办公中，跟客户沟通交流、向上司汇报工作进展、开群组会议等等都离不开微信，下面整理了一些微信使用小技巧供大家参考。

电脑基础知识

系统常用操作

Word 办公入门

Word 图文排版

Excel 表格制作

Excel 数据管理

PPT 演示制作

Office 办公案例

办公辅助软件

电脑办公设备

电脑办公网络

电脑安全维护

1. 换行技巧

在消息发送框输入大量文字时，难免遇到换行的需要，同时按下【Shift+ Enter】组合键即可实现换行目的，这个组合键在很多聊天软件也是适用的。另外，用户在电脑端微信的"设置"对话框中，可以对发送消息功能自定义快捷组合键，软件提供了【Enter】或者【Ctrl+Enter】，如图 11-63 所示。

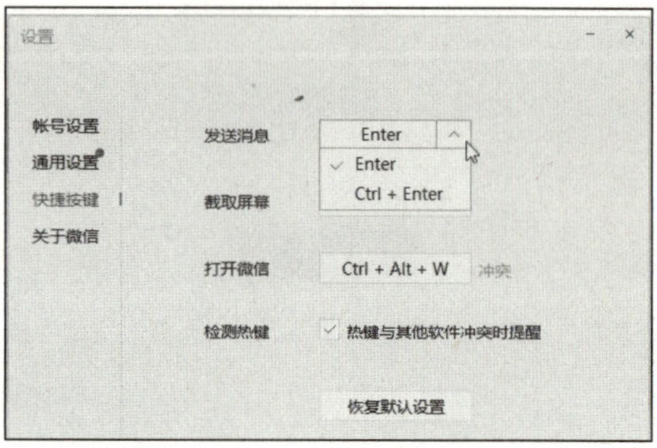

图 11-63　"设置"对话框

2. 保存视频

如果仅仅需要保存单个视频文件，使用鼠标右键单击发来的视频文件，在弹出的快捷菜单中选择"另存为"选项保存到本地即可。但是如果需要将多个视频文件批量保存下来，可以选择打开微信文件的保存位置，直接查看微信聊天中缓存下来的视频资源，我们可以在以下两个入口找到本地视频文件保存的位置：

一是右键单击某个视频文件，在弹出的快捷菜单中选择"打开文件夹"选项，如图 11-64 所示，打开名为 Video 的文件夹；

二是单击微信左下角的"更多"按钮，选择"设置"选项，弹出"设置"对话框，在"通用设置"选项卡的文件管理中，单击"更改"按钮，如图 11-65 所示，用户可以自行更改微信文件保存的位置；单击"打开文件夹"按钮，打开类似的文件夹路径：C:\文档\WeChat Files\（你的微信号），打开 Video 文件夹，里面保存了大量微信软件的视频缓存，并且以 jpg 格式保存视频文件的第一帧图像。

图 11-64　选择"打开文件夹"选项

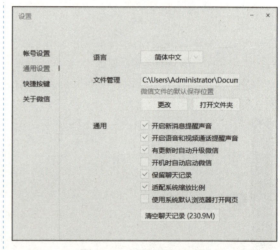

图 11-65　"设置"对话框

3. 发布公告

如果你是微信群的群主，使用公告功能将会更高效地实现群里发通知的目的。微信群发布公告，会以@所有人的形式通知每一个人，并且会有置顶消息出现在群聊界面中。

打开群聊界面，点击右上角三个点"…"，选择群公告栏目进入编辑界面，编辑好内容并发布时，弹出"该公告会通知全部群成员，是否发布？"提示信息框，如图 11-66 所示，点击"确定"按钮，公告内容就会以@所有人以及置顶的形式提醒群里的所有人，如图 11-67 所示。

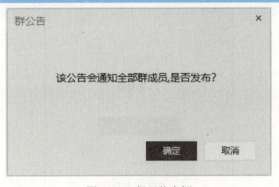

图 11-66　提示信息框

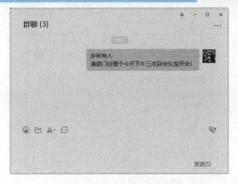

图 11-67　显示公告内容

4．截图并做标记评论

微信聊天框内置了截图功能，如图 11-68 所示。虽然仅能够满足区域截图，但本身内置了基本的图片编辑选项，比如箭头、画标注、添加文字，这样就减少使用第三方图片编辑工具。微信截图的一大特色还包括了可添加收藏的表情图，使工作之余增加点娱乐趣味。

在网上看到了值得分享的内容，截个图迅速发给好友和工作伙伴，还可以在图片上标注重点和添加文字、表情包等，如图 11-69 所示。在微信里收到的图片可以用这个方法进行二次加工，工作时把图片交由工作伙伴，他就能直接编辑再使用了。图片的简单编辑功能在手机上也可以使用，虽然功能没有在电脑上那么强大，但裁剪、添加文字和表情都可以完成。

图 11-68　"截图"按钮

图 11-69　截图标注

5．清理微信存储空间

微信总是要点好几下才有反应，朋友圈的图片更是要好久才能转出来，微信越用越卡，很有可能就是手机内存不足导致的。那么如何才能清理微信缓存，让微信越用越顺畅呢？

打开微信，在"我"|"设置"|"通用"界面中，点击"微信存储空间"选项，如图 11-70 所示，在"微信存储空间"界面中，点击"管理微信存储空间"按钮，如图 11-71 所示，然后用户根据需要清理即可。

图 11-70　点击"微信存储空间"选项

图 11-71　点击"管理微信存储空间"按钮

6."@"符号的意义

微信群里经常看到群友的名称前面有个"@"符号,这个功能叫群内点名。

其作用一:表示在跟这个群友说话,操作方法就是在微信群聊界面里,长按发言群友的头像,就会在输入框里面自动出现@群友的昵称,省去了输入对方昵称,如图 11-72 所示。

其作用二:提醒。如果被群友@,登录微信后就会看到提醒。

7.撤回消息

在使用微信聊天过程中,有时给朋友或是微信群不小心发错了内容怎么办呢?微信提供的撤回功能可以帮助我们。微信可以撤回两分钟内发送的消息,支持撤回的内容包括语音、文字、图片、视频、名片、位置、分享的链接消息,消息撤回后,双方都可以在会话框中看到撤回提示。

撤回消息的方法是长按已发送的消息,在弹出的快捷菜单中选择"撤回"命令,如图 11-73 所示,即可将已发送的消息撤回。

图 11-72　"@"符号

图 11-73　选择"撤回"命令

8. 同步聊天记录

由于工作或其他原因，经常需要在多部手机上切换使用微信，微信群组、聊天内容就很难被保存，这样就很容易丢失一些重要内容，那么我们如何才能同步聊天记录呢？

打开微信，在"我"|"设置"|"聊天"界面中，点击"聊天记录备份与迁移"选项，然后再点击"迁移聊天记录到另一台设备"选项，在"聊天记录迁移"界面中点击"选择聊天记录"按钮，如图 11-74 所示，选择需要迁移的聊天记录即可。

9. 置顶联系人

在工作中，经常会出现一些待办事项，如领导交代的某件事情，让做完之后务必联系他；向同事询问重要的事情，要时刻等待他的回复等。这时如果置顶对方微信，就不用担心错过重要信息了。

打开需要置顶微信联系人的聊天窗口，点击右上角的三个点"…"图标，在"聊天信息"界面中，把"置顶聊天"选项设置为打开的状态即可，如图 11-75 所示。

图 11-74　点击"选择聊天记录"按钮

图 11-75　打开"置顶聊天"开关

第12章　办公电脑安全维护

在使用电脑的过程中，用户可能会遇到电脑系统出现故障，为了避免系统经常出现故障，需要加强对电脑的安全防护和维护。本章将向读者介绍办公电脑的维护与安全防护的方法。

12.1　电脑病毒的预防

随着电脑的普及和网络技术的日益发展，电脑病毒的威胁给许多企业和个人造成了不同程度的损失，防范电脑被病毒侵害是每一个用户必备的意识。

12.1.1　认识电脑病毒

电脑病毒其实也是一种程序，只是这种程序是用来破坏电脑正常工作的。一旦病毒开始运行，轻则影响电脑的正常工作，重则使整个系统瘫痪。下面将分别介绍病毒的特点与分类。

1. 病毒的特点

电脑病毒从广义上讲是一种能够通过自身复制并传染而引起电脑故障、破坏电脑数据的程序。电脑病毒的种类很多，但从它们的表现特点来讲存在着许多的共同点，主要表现在以下几个方面：

❀　危害性：每一个病毒对电脑系统都是有害的，一是破坏文件和数据，造成数据毁坏或丢失；二是抢占系统或网络资源，造成网络堵塞或系统瘫痪；三是破坏操作系统或电脑主板等软件或硬件，造成电脑无法启动，甚至瘫痪。

❀　欺骗性：电脑病毒都具有特洛伊木马的特点，用欺骗性的手段将病毒程序寄生在其他文件上，一旦该文件被加载，就会出现问题。

❀　寄生性：电脑病毒通常依附在其他文件上。

❀　隐蔽性：电脑病毒的隐蔽性非常强，当病毒侵入、传染并对数据造成破坏时不一定会被电脑操作人员知晓。它一般是在某个特定的时间发作，而其他时间是不会发作的。

❀　潜伏性：从被电脑病毒感染到电脑病毒开始运行，一般需要经过一段时间。当满足一个特定的环境条件时，病毒程序才开始活动。

❀　诱惑性：电脑病毒为了更好地传播和复制，一般都具有诱惑性的名称。因此在浏览网页时，不要轻易地点击自动跳出来或极具诱惑性的超链接。

❀　传染性：在一定条件下可以进行自我复制，将自身的程序复制给其他程序，或是放入某个指定的位置。

❀　超前性：每一个电脑病毒对于防毒软件来说永远都是超前的。从理论上和实际上来讲，没有任何一款杀毒软件能将所有的病毒杀除。

2. 病毒的分类

电脑病毒程序通常按其造成后果的程度分为"良性"和"恶性"两类，良性病毒不会对系统构成致命的威胁，而恶性病毒的主要任务就是破坏系统的重要数据，严重影响着电脑系统的安全。通常电脑病毒可以分为以下五种：

❀　文件型病毒：文件型病毒又称寄生病毒，是一种受感染的执行文件（.exe），通常寄生在文

电脑基础知识

系统常用操作

Word办公入门

Word图文排版

Excel表格制作

Excel数据管理

PPT演示制作

Office办公案例

办公辅助软件

电脑办公设备

电脑办公网络

电脑安全维护

件中，因而它攻击的对象是文件，一旦运行感染该病毒的文件，病毒就会被激发并执行大量的操作，进行自我复制并传染到其他程序中。

　　❀　特洛伊木马：特洛伊木马是一个看似正常的程序，但执行时隐藏在其背后的恶意程序也将随之行动，对电脑进行破坏。特洛伊木马往往被用在黑客工具，达到窃取用户的密码资料或破坏硬盘内程序或数据的目的。与其他病毒不同的是该病毒不会自行复制，因此往往是以伪装的样式诱骗电脑用户将其植入电脑中。

　　❀　蠕虫病毒：蠕虫病毒是一种能自行复制的可由网络扩散的恶意程序。蠕虫病毒利用网络快速地扩散，从而使更多的电脑遭受病毒的入侵。

　　❀　引导型病毒：这种病毒通常隐藏在硬盘或 U 盘的引导区中，一旦电脑从感染了病毒的硬盘或 U 盘引导区中启动，或从硬盘或 U 盘中读取数据，该病毒就会发作。

　　❀　复合型病毒：这种病毒兼有引导型病毒和文件型病毒的特点，既感染主引导扇区，又会感染和破坏文件。

12.1.2　预防电脑病毒

　　在了解了电脑病毒的基础常识后，用户在使用电脑时需要多加防范，减少病毒的传播与危害，因此需要采取一定的措施有效地降低电脑感染病毒的概率。预防电脑病毒主要从以下几个方面着手：

　　❀　安装最新的杀毒软件。

　　❀　及时升级杀毒软件，保证处于最新版本，才能查杀到最新出现的病毒。

　　❀　上网时打开病毒防火墙软件，及时安装操作系统的补丁程序。

　　❀　从网上进行下载软件时要小心，最好到官方网站进行下载，下载软件中包含病毒的可能性相对小一些。

　　❀　接收邮件时，在打开邮件或下载包含附件的邮件时，先通过邮件服务器提供的在线杀毒功能对其进行杀毒。

　　❀　在插入移动硬盘或 U 盘时，一定先对其进行杀毒，尽量避免外来病毒的入侵。

　　❀　对电脑中的重要数据，需要定期进行备份。除了在本机上进行备份外，还可以使用移动硬盘、U 盘或光盘等进行数据备份。

　　❀　电脑最好不要开通局域网，以防网络中的其他电脑感染病毒，同时提醒其他用户对各自的电脑进行病毒的查杀操作。

　　❀　如果感染了危害性较大的病毒，可以使用无病毒的启动盘重新启动电脑并进行杀毒。

12.2　使用杀毒软件

　　电脑病毒的破坏力非常大，严重影响了电脑和网络的运行，因此需要选择一款实用的杀毒软件，对电脑病毒进行防范与查杀，目前，常用的杀毒软件有瑞星杀毒、金山毒霸、卡巴斯基和 360 杀毒软件等。下面将主要介绍 360 杀毒软件的使用方法。

扫码观看本节视频

12.2.1　安装杀毒软件

　　当电脑感染病毒后，需要立即使用相关的杀毒软件进行查杀。360 杀毒软件是 360 安全中心出品的一款免费的云安全杀毒软件。360 杀毒具有查杀率高、资源占用少、升级迅速等特点。要使用 360 杀毒，首先需要进行下载并安装 360 杀毒程序。安装杀毒软件的具体操作步骤如下：

　　1. 在 360 杀毒软件安装程序所在的文件夹中，双击 360 杀毒软件图标，如图 12-1 所示。

　　2. 打开 360 杀毒安装界面，勾选"阅读并同意许可使用协议和隐私保护说明"复选框，单

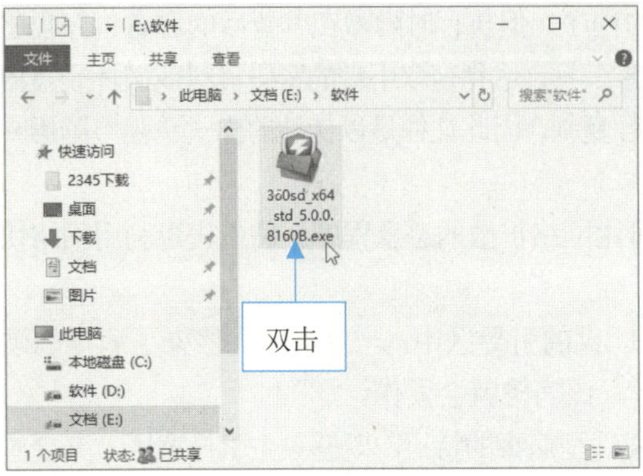

击"更改目录"按钮可以设置程序安装路径，然后单击"立即安装"按钮，如图 12-2 所示。

图 12-2　单击"立即安装"按钮

图 12-1　双击 360 杀毒软件安装程序图标

3 进入正在安装界面，如图 12-3 所示。

4 安装完成，打开"360 杀毒"窗口，如图 12-4 所示。

图 12-3　正在安装界面

图 12-4　打开"360 杀毒"窗口

知识链接

> 为了避免电脑 C 盘空间太低，影响电脑运行速度，选择安装路径时，尽量不要将程序安装至 C 盘中。

12.2.2　使用软件查杀病毒

　　360 杀毒软件具有实时病毒防护和手动扫描功能，为系统提供全面的安全防护。实时防护功能在文件被访问时对文件进行扫描，及时拦截活动的病毒，在发现病毒时会弹出提示窗口。360 杀毒软件提供了快速扫描、全盘扫描及指定位置扫描三种手动病毒扫描方式。使用软件查杀病毒的具体操作步骤如下：

1 在"开始"菜单的"360 安全中心"中，启动"打开 360 杀毒"程序，单击"快速扫描"按钮，如图 12-5 所示。

2 进入"360 杀毒-快速扫描"界面，开始查杀病毒，并显示查杀进度，如图 12-6 所示。

图 12-5　单击"快速扫描"按钮

图 12-6　显示查杀进度

③ 查杀完成后，显示查杀结果，单击"立即处理"按钮，如图 12-7 所示。

④ 处理完成后，显示处理的结果，如图 12-8 所示。

图 12-7　单击"立即处理"按钮

图 12-8　显示处理结果

12.2.3　升级杀毒软件

在使用杀毒软件时，需要定期对该杀毒软件进行升级，才能查杀到最新的电脑病毒。一般升级的方法有两种，一种是通过杀毒软件开发商提供的升级盘进行升级，另一种是通过 Internet 网络连接后，进行在线升级。升级杀毒软件的具体操作步骤如下：

① 启动"360 杀毒"程序，单击窗口底部的"检查更新"按钮，如图 12-9 所示。

② 进入"360 杀毒-升级"界面，开始升级杀毒软件，并显示升级进度，如图 12-10 所示，等待升级完成即可。

图 12-9　单击"检查更新"按钮

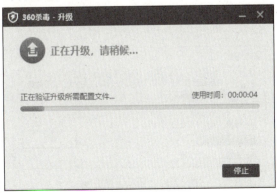

图 12-10　显示升级进度

电脑基础知识

系统常用操作

Word 办公入门

Word 图文排版

Excel 表格制作

Excel 数据管理

PPT 演示制作

Office 办公案例

办公辅助软件

电脑办公设备

电脑办公网络

电脑安全维护

217

12.3　系统维护与优化

通过对磁盘进行维护来增大数据存储空间和保护数据，是管理电脑的一个重要方面。为了帮助用户更好地进行磁盘维护，Windows 10 系统提供了多种磁盘维护工具，如磁盘清理、磁盘优化和碎片整理工具，同时还可以进行电脑优化，提高系统运行速度。

扫码观看本节视频

12.3.1　清理系统磁盘

在使用 IE 浏览器上网或下载安装某些软件后，会自动创建一些临时文件，时间久了，这些临时文件会占用大量的磁盘空间，影响电脑的正常运行。使用磁盘清理可将临时文件删除以释放磁盘空间。清理系统磁盘的具体操作步骤如下：

1. 单击"开始"|"所有程序"|"Windows 管理工具"|"磁盘清理"命令，如图 12-11 所示。

2. 弹出"磁盘清理：驱动器选择"对话框，在其中选择需要清理的驱动器，如 C 盘，如图 12-12 所示。

图 12-11　单击"磁盘清理"命令

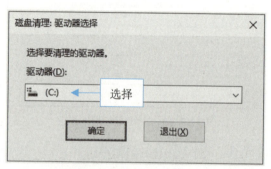

图 12-12　选择需要清理的磁盘

3. 单击"确定"按钮，系统开始计算可以在相应驱动器上的可清理信息，并显示计算进度，如图 12-13 所示。

4. 计算完成后，弹出相应驱动器的磁盘清理对话框，在"要删除的文件"下拉列表框中，选中需要删除文件的复选框，如图 12-14 所示。

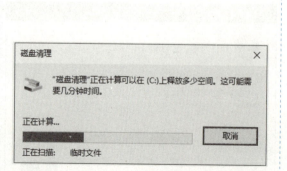

图 12-13　显示计算进度

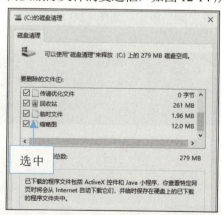

图 12-14　选中需要删除文件的复选框

5. 单击"确定"按钮，弹出"磁盘清理"提示信息框，如图 12-15 所示。

6. 单击"删除文件"按钮，系统开始清理磁盘并显示清理进度，如图 12-16 所示。

电脑基础知识

系统常用操作

Word办公入门

Word图文排版

Excel表格制作

Excel数据管理

PPT演示制作

Office办公案例

办公辅助软件

电脑办公设备

电脑办公网络

电脑安全维护

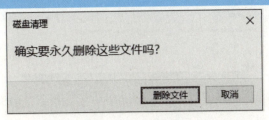

图 12-15　提示信息框

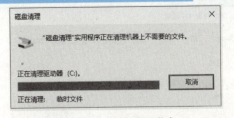

图 12-16　显示清理进度

7. 清理结束后，即可完成清理系统磁盘，在"此电脑"窗口中可以查看相应磁盘的容量。

12.3.2　检查系统磁盘

使用磁盘查错功能，可以及时发现并修复磁盘错误，确保硬盘中不存在任何错误，还可以有效地解决某些计算机问题，以及改善计算机性能。检查系统磁盘的具体操作步骤如下：

1. 打开"此电脑"窗口，在需要检查的磁盘图标上单击鼠标右键，在弹出的快捷菜单中，选择"属性"选项，如图 12-17 所示。

2. 弹出"软件（D:）属性"对话框，切换至"工具"选项卡，单击"检查"按钮，如图 12-18 所示。

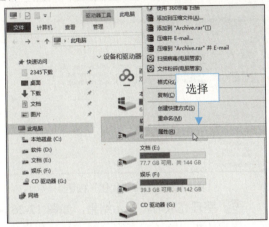

图 12-17　选择"属性"选项

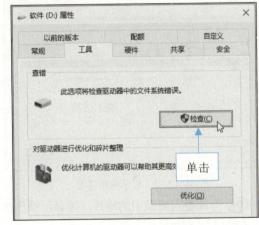

图 12-18　单击"检查"按钮

3. 弹出"错误检查(软件(D:))"对话框，单击"修复驱动器"按钮，如图 12-19 所示。

4. 此时系统弹出提示信息框，根据需要选择相应选项，如图 12-20 所示。

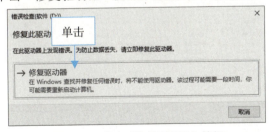

图 12-19　单击"修复驱动器"按钮

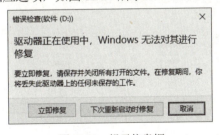

图 12-20　提示信息框

12.3.3　磁盘优化和碎片整理

长时间使用计算机，会在磁盘中产生很多碎片，降低了计算机的速度。磁盘碎片整理程序可以重新排列碎片数据，以便磁盘和驱动器能够更有效地工作。磁盘优化和碎片整理的具体操作步骤如下：

1. 打开"本地磁盘（C:）属性"对话框，切换至"工具"选项卡，单击"优化"按钮，如图 12-21 所示。

2. 弹出"优化驱动器"对话框，在列表中选择要整理的磁盘分区，并单击"分析"按钮，如图 12-22 所示。

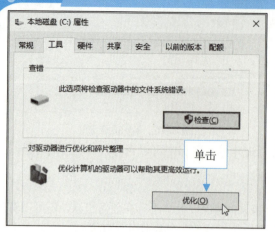

图 12-21　单击"优化"按钮

图 12-22　单击"分析"按钮

3 即可开始分析选择的磁盘，并显示分析进度，如图 12-23 所示。

4 分析完成后，显示分析结果，单击"优化"按钮，如图 12-24 所示。

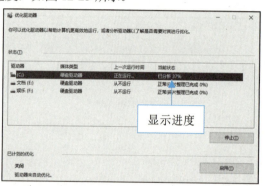

图 12-23　显示分析进度

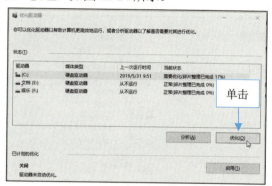

图 12-24　单击"优化"按钮

5 开始整理磁盘中的碎片，并显示整理进度，如图 12-25 所示。

6 整理完成后，显示结果，如图 12-26 所示，用户还可以继续对其它分区进行优化操作，单击"启用"按钮。

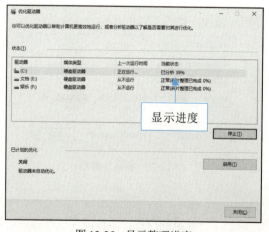

图 12-25　显示整理进度

图 12-26　显示结果

7 在"优化驱动器"对话框中，勾选"按计划运行（推荐）"复选框，用户根据需要设置磁盘碎片整理的时间间隔，单击"选择"按钮，

8 在弹出的驱动器列表中，勾选需要进行优化的驱动器盘符复选框，如图 12-28 所示，然后单击"确定"按钮即可。

如图 12-27 所示。

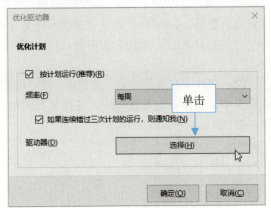

图 12-27　单击"选择"按钮

图 12-28　选择需要优化的驱动器盘符

12.3.4　管理自动启动项

为了方便用户的使用，一些软件在安装时会询问是否将其设置为自动启动，如果用户将其设置为自动启动，随着安装软件的增多，系统的启动速度会越来越慢，这时，用户可以进行管理启动项。管理自动启动项的具体操作步骤如下：

1. 按【Windows+R】组合键，弹出"运行"对话框，在"打开"文本框中输入 msconfig.exe 命令，如图 12-29 所示。

2. 单击"确定"按钮，弹出"系统配置"对话框，切换至"启动"选项卡，单击"打开任务管理器"链接，如图 12-30 所示。

图 12-29　输入相应命令

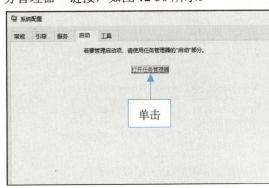

图 12-30　单击"打开任务管理器"链接

3. 弹出"任务管理器"对话框，如图 12-31 所示。

4. 在"启动"选项卡中，选择需要禁用的选项，单击"禁用"按钮即可，如图 12-32 所示。

图 12-31　"任务管理器"对话框

图 12-32　单击"禁用"按钮

电脑基础知识

系统常用操作

Word 办公入门

Word 图文排版

Excel 表格制作

Excel 数据管理

PPT 演示制作

Office 办公案例

办公辅助软件

电脑办公设备

电脑办公网络

电脑安全维护

12.3.5　使用任务管理器

为了方便用户监视计算机性能，并了解系统运行状态，在 Windows 操作系统中提供了任务管理器功能，使用任务管理器，可以查看管理当前系统中正在运行的程序、进程和服务等。使用任务管理器的具体操作步骤如下：

1. 在任务栏空白处，单击鼠标右键，在弹出的快捷菜单中，选择"任务管理器"选项，如图 12-33 所示。

2. 弹出"任务管理器"对话框，在"进程"选项卡中显示正在运行的程序，选择要关闭的程序，如图 12-34 所示。

图 12-33　选择"任务管理器"选项

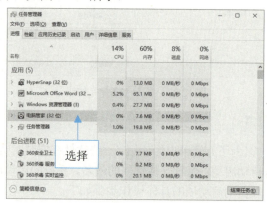

图 12-34　选择要关闭的应用程序

3. 单击"结束任务"按钮，如图 12-35 所示，即可结束所选程序，在任务栏列表框中，不再显示该应用程序。

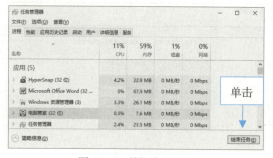

图 12-35　关闭应用程序

知识链接

　　用户还可以在"任务管理器"对话框中，执行创建新任务、管理性能以及监视情况等操作。

精品图书 推荐阅读

叶圣陶说过："培育能力的事必须继续不断地去做，又必须随时改善学习方法，提高学习效率，才会成功。"北京日报出版社出版的本系列丛书就是一套致力于提高职场人员工作效率的图书。本套图书涉及到图像处理与绘图、办公自动化等多个方面，适合于设计人员、行政管理人员、文秘等多个职业人员使用。

（本系列丛书在各地新华书店、书城及淘宝、天猫、京东商城均有销售）

精品图书 推荐阅读

　　"善于工作讲方法，提高效率有捷径。"办公教程可以帮助人们提高工作效率，节约学习时间，提高自己的竞争力。

　　以下图书内容全面，功能完备，案例丰富，帮助读者步步精通，读者学习后可以融会贯通、举一反三，致力于让读者在最短时间内掌握最有用的技能，成为办公方面的行家！

（本系列丛书在各地新华书店、书城及淘宝、天猫、京东商城均有销售）